汽车底盘机械系统检修

主 编 孙 斌 何学俊
副主编 刘元聚 周立平
　　　　刘 安 何晓珠
编 委 张 谦 祁美娜

北京理工大学出版社
BEIJING INSTITUTE OF TECHNOLOGY PRESS

内容简介

本书立足于实际能力培养，对课程内容的选择标准作了根本性改革，打破以知识传授为主要特征的传统学科课程模式，转变为以工作任务为中心组织课程内容，并让学生在完成具体项目的过程中学会完成相应工作任务，并构建相关理论知识，发展职业能力。具体包括以下学习项目：汽车传动系统、汽车行驶系统、汽车转向系统、汽车制动系统等。这些学习项目是以汽车底盘维修工作过程为线索来设计的，同时，学习项目对应汽车维修企业中汽车底盘维修的工作任务。课程内容突出对学生职业能力的训练，理论知识的选取紧紧围绕完成工作任务的需要来进行，并融合了相关职业资格证书对知识、技能和态度的要求。教学过程中，采取学做一体教学，给学生提供丰富的实践机会。

本书可作为中、高职院校汽车专业群相关课程的教材，也适合汽车行业相关人员自学的资料。

版权专有　侵权必究

图书在版编目（CIP）数据

汽车底盘机械系统检修 / 孙斌，何学俊主编 . -- 北京：北京理工大学出版社，2021.10

ISBN 978-7-5763-0487-9

Ⅰ. ①汽… Ⅱ. ①孙… ②何… Ⅲ. ①汽车 – 底盘 – 机械系统 – 车辆检修 – 教材 Ⅳ. ①U472.41

中国版本图书馆 CIP 数据核字（2021）第 204908 号

出版发行 /	北京理工大学出版社有限责任公司
社　　址 /	北京市海淀区中关村南大街 5 号
邮　　编 /	100081
电　　话 /	（010）68914775（总编室）
	（010）82562903（教材售后服务热线）
	（010）68944723（其他图书服务热线）
网　　址 /	http://www.bitpress.com.cn
经　　销 /	全国各地新华书店
印　　刷 /	定州市新华印刷有限公司
开　　本 /	889 毫米 × 1194 毫米　1/16
印　　张 /	12
字　　数 /	230 千字
版　　次 /	2021 年 10 月第 1 版　2021 年 10 月第 1 次印刷
定　　价 /	44.00 元

责任编辑 / 孟祥雪
文案编辑 / 孟祥雪
责任校对 / 周瑞红
责任印制 / 李志强

图书出现印装质量问题，请拨打售后服务热线，本社负责调换

前言

纵观我国职业教育百余年的发展历程,其经历了发展中等职业教育、中等职业教育与高等职业教育并存发展到构建现代职业教育体系三个历史进程。真正的教育并不是一蹴而就的,也不是一朝一夕的,而是一体化、系统化、终身化的。中等职业教育和高等职业教育是职业教育中的两个不同阶段、不同层次的教育形式,有不同的功能及特色,它们既相互独立又相互联系。中高等职业教育一体化是构建现代职业教育体系和实现终身教育的重要保障。推进中高职一体化人才培养,有利于加强中高职衔接,提升职业教育的竞争力和吸引力;有利于高素质高技能人才的培养,以更好地适应经济社会发展的需要;有利于职业学校学生多样化成长,满足人民群众的教育需求。

《国家中长期教育改革和发展规划纲要(2010-2020年)》明确提出:职业教育到2020年要形成适应经济发展方式转变和产业结构调整的要求,体现终身教育理念,中等和高等职业教育协调发展的现代职业教育体系,满足经济社会对高素质劳动者和技能型人才的需求。《关于加快发展现代职业教育的决定》提出:到2020年,形成适应发展需求、产教深度融合、中职高职衔接、职业教育与普通教育相互沟通,体现终身教育理念,具有中国特色、世界水平的现代职业教育体系。可见,实施中高职有效衔接,构建中高职教育一体化培养体系,构建科学的现代职业教育体系,是职业教育事业可持续发展的基础,是现代产业发展的迫切需要,也是新时期职业教育改革和发展的重要任务。

基于此背景,杭州职业技术学院汽车检测与维修技术专业与衔接中职学校开展了中高职衔接的全面研究,聚焦中高职衔接之关键,在全国知名职教专家引领下,构建了"汽车护士"向"汽车医生"发展的中高职衔接课程体系,中高职联合教研室成员共同开发编写了汽车检测与维修技术专业中高职衔接主干课程教材与教学标准。

本书是汽车检测与维修技术专业中高职联合教研室组编的系列教材之一。编者以汽车维修企业底盘维修实际工作任务为载体,以进一步提升中职学生职业能力为目标,结合"行动导向"教学方法,编写了该教材。本教材设置五个大项目,每个项目下面涉及若干个具体任务,每个任务都有任务目标和任务引领,通过相关知识和检修流程图及工艺的设计让学生在自我分析和实践操作中寻找答案。通过故障诊断与排除的过程,使学生获得了相关的专业知识，培养了学生独立思考问题和解决问题的能力，提高了学生专业综合素质。

本书由杭州职业技术学院孙斌、重庆市万州职业教育中心何学俊担任主编；临沂技师学院刘元聚、济南工程职业技术学院周立平、山东省城市服务技师学院刘安、横县职业教育中心何晓珠担任副主编；济南工程职业技术学院张谦、柳州市交通学校祁美娜参与编写。在本书的编写过程中参考了大量同类教材和相关资料，书中不能一一而详，在此一并表示感谢。

本书可作为中、高职院校汽车专业群相关课程的教材，也适合汽车行业相关人员自学的资料。由于编者水平有限，编写内容仍有众多瑕疵，望读者批评指正。

编　者

目录

项目一　底盘系统认知 ·· 1

　任务一　底盘系统的发展趋势 ·· 1

　任务二　底盘系统的基本组成 ·· 4

项目二　传动系统的检修 ·· 7

　任务一　离合器的检修 ·· 7

　任务二　手动变速器的检修 ·· 23

　任务三　自动变速器的检修 ·· 41

　任务四　万向传动装置的检修 ·· 80

　任务五　驱动桥的检修 ·· 85

项目三　行驶系统的检修 ·· 95

　任务一　车架与车桥的检修 ·· 95

　任务二　车轮与轮胎的检修 ·· 105

　任务三　悬架的检修 ·· 120

项目四　转向系统的检修 ⋯⋯⋯⋯⋯⋯⋯⋯⋯⋯⋯⋯⋯⋯⋯⋯⋯⋯⋯⋯⋯⋯⋯ 136

　　任务一　机械转向系统的检修 ⋯⋯⋯⋯⋯⋯⋯⋯⋯⋯⋯⋯⋯⋯⋯⋯⋯⋯⋯ 136

　　任务二　动力转向系统的检修 ⋯⋯⋯⋯⋯⋯⋯⋯⋯⋯⋯⋯⋯⋯⋯⋯⋯⋯⋯ 150

项目五　制动系统的检修 ⋯⋯⋯⋯⋯⋯⋯⋯⋯⋯⋯⋯⋯⋯⋯⋯⋯⋯⋯⋯⋯⋯⋯ 162

　　任务一　盘式制动器的检修 ⋯⋯⋯⋯⋯⋯⋯⋯⋯⋯⋯⋯⋯⋯⋯⋯⋯⋯⋯⋯ 162

　　任务二　鼓式制动器的检修 ⋯⋯⋯⋯⋯⋯⋯⋯⋯⋯⋯⋯⋯⋯⋯⋯⋯⋯⋯⋯ 168

　　任务三　制动传动装置的检修 ⋯⋯⋯⋯⋯⋯⋯⋯⋯⋯⋯⋯⋯⋯⋯⋯⋯⋯⋯ 177

参考文献 ⋯⋯⋯⋯⋯⋯⋯⋯⋯⋯⋯⋯⋯⋯⋯⋯⋯⋯⋯⋯⋯⋯⋯⋯⋯⋯⋯⋯⋯⋯⋯ 186

项目一

底盘系统认知

> **项目描述** →
>
> 汽车底盘是支撑汽车发动机的安装和其他部件组成的重要部件，能形成汽车整体造型，并能连接发动机的动力。有了底盘才能使汽车产生运动并且使汽车正常行驶。汽车底盘主要由传动系统、转向系统、行驶系统和制动系统等四大体系组成，其基本功能就是接收发动机的动力，这样才能使汽车在一个安全的状态下行驶，确保汽车按照驾驶员的操作正常行驶。

任务一　底盘系统的发展趋势

任务目标

完成本学习任务后，学生在基础知识和基本技能方面应达到以下要求。

知识目标

（1）了解底盘系统的发展方向。

（2）熟悉运用在底盘系统中的新技术。

能力目标

（1）能说出底盘系统中新技术的应用。

（2）能理解底盘系统的发展方向。

任务引入

对于汽车来讲，其除了车身总成和发动机之外，其余部分全部属于底盘的范畴，可见底盘在汽车上占据着何等重要的地位。底盘不仅承受着来自外部的各种荷载，同时还兼具着动力传递的作用，底盘的整体质量优劣，直接影响着整车的使用性能。一旦汽车底盘出现故障，极有可能造成交通事故。为此，必须对汽车底盘可能存在的故障予以高度重视，并做好相应的检修工作。

相关知识

一、汽车底盘系统的发展方向

汽车底盘技术中的悬架系统、制动系统、转向系统是相互关联合作的，控制系统整体运行效果越好，汽车整体性能就越优越。从当前汽车底盘控制系统构成就可以看出其未来技术的发展应用趋势，汽车未来发展中底盘的电子控制系统将会积极尝试与信息技术、网络技术等有机结合实现多层面的精准控制。

全方位底盘控制（GCC）系统作为目前技术研究的一大主要方向，主要是通过设置更加多元、更高层面的底盘控制单元来实现对整体系统的有效控制。汽车运行中该系统对驾驶员的习惯、驾驶意识等进行识别，在监督底盘控制子系统运行情况的同时完成控制单元运作的全面协调，以此来保证汽车运行的安全性，提升控制系统运作灵敏性，实现对底盘分工系统的高精控制，进一步提升汽车在安全、行驶方面的诸多性能。

二、汽车底盘系统中的新技术

1. 转向控制系统

为了改善操作者的转向操纵感，提高汽车的转向性能，出现了转向控制系统，其包括车身电子稳定系统、主动前轮转向系统和后轮转向系统等。

车身电子稳定系统是一种牵引力控制系统，其主要组成部分有车轮传感器、转向传感器、横向加速度传感器、方向盘油门刹车踏板传感器、侧滑传感器等。车身电子稳定系统的工作原理是利用各种传感器对汽车的行驶状态进行监控,搭配操作者对方向的掌控,通过电脑修正使汽车得以稳定行驶。

主动前轮转向系统能够根据速度状态对传动比进行调节,同时也能够对汽车的稳定性进行控制。当汽车处于低速行驶状态的时候,传动比较小,转向直接,转向盘的转动圈数减少,汽车的操控性、灵活性都得到了提高;当汽车处于高速行驶状态的时候,传动比较大,汽车的安全性和稳定性都得到了提高。通过主动前轮转向系统,操作者能够充分体会真实的路感,增加驾驶乐趣。

后轮转向系统的执行机构包括整体式和分离式两种,主要组成包括传感器、电子控制单元,以及执行机构等。在正常情况下,汽车行驶速度、转向盘转向角和后轮转向角三者之间成函数关系。当汽车处于低速行驶的状态时,后轮会接收由转向盘执行机构传来的相应方向相反的转向角,从而减小汽车停车或拐弯时的半径;当汽车处于高速行驶的状态时,后轮会接收由转向盘执行机构传来的相应方向一致的转向角,从而提高汽车的方向稳定性。

2. 线控制动系统

线控制动系统包括线控制动控制单元、电制动器、传感器、电源、电子制动踏板、制动手柄等,采用嵌入式总线技术,传递电力,是一种新型的智能化制动系统,具有广泛的未来发展空间。通过线控制动系统,汽车的制动效果得到提高,制动安全性能得到加强。

3. 主动悬架控制系统

汽车主动悬架控制系统能够对汽车的平稳行驶进行主动调节。当汽车的行驶路况、汽车负载荷、行驶速度发生变化的时候,对车身的高度,悬架的刚度,减震器阻尼的大小进行自动调节,很大程度上对汽车的行驶平稳性进行改善。其主要组成部分有转向盘转向与转角传感器,前、后车身高度传感器,节气门位置传感器,控制开关,车速传感器,执行器等。

4. 连续控制底盘系统

连续控制底盘系统能够对动力分布、悬挂进行调节,主要是由持续调校悬架系统和电子控制全时四轮驱动系统组成,通过横向、纵向、倾斜、滚动感应器、车轮速度、制动力、方向盘角度等数据,进行调节。

任务二　底盘系统的基本组成

📝 任务目标

完成本学习任务后，学生在基础知识和基本技能方面应达到以下要求。

知识目标

（1）了解汽车底盘系统的布置形式。

（2）掌握汽车底盘系统的组成部分。

能力目标

（1）能说出底盘系统的组成部分。

（2）能理解传动系统、行驶系统、转向系统和制动系统的作用。

📝 任务引入

随着社会经济的发展和人民生活水平的提高，汽车的普及率已经越来越高，在社会生产生活中起着越来越突出的作用。但很多车主在使用汽车的过程中过度重视汽车发动机方面的知识却忽略了汽车底盘的重要性，这导致了汽车出现多处异响时，而无法判断异响来源的尴尬局面。因此本任务细讲了汽车底盘系统的基本组成部分，为后续底盘系统的维修打下基础。

📝 相关知识

汽车底盘主要由传动系统、行驶系统、转向系统和制动系统四大部分构成，如图1-1所示。

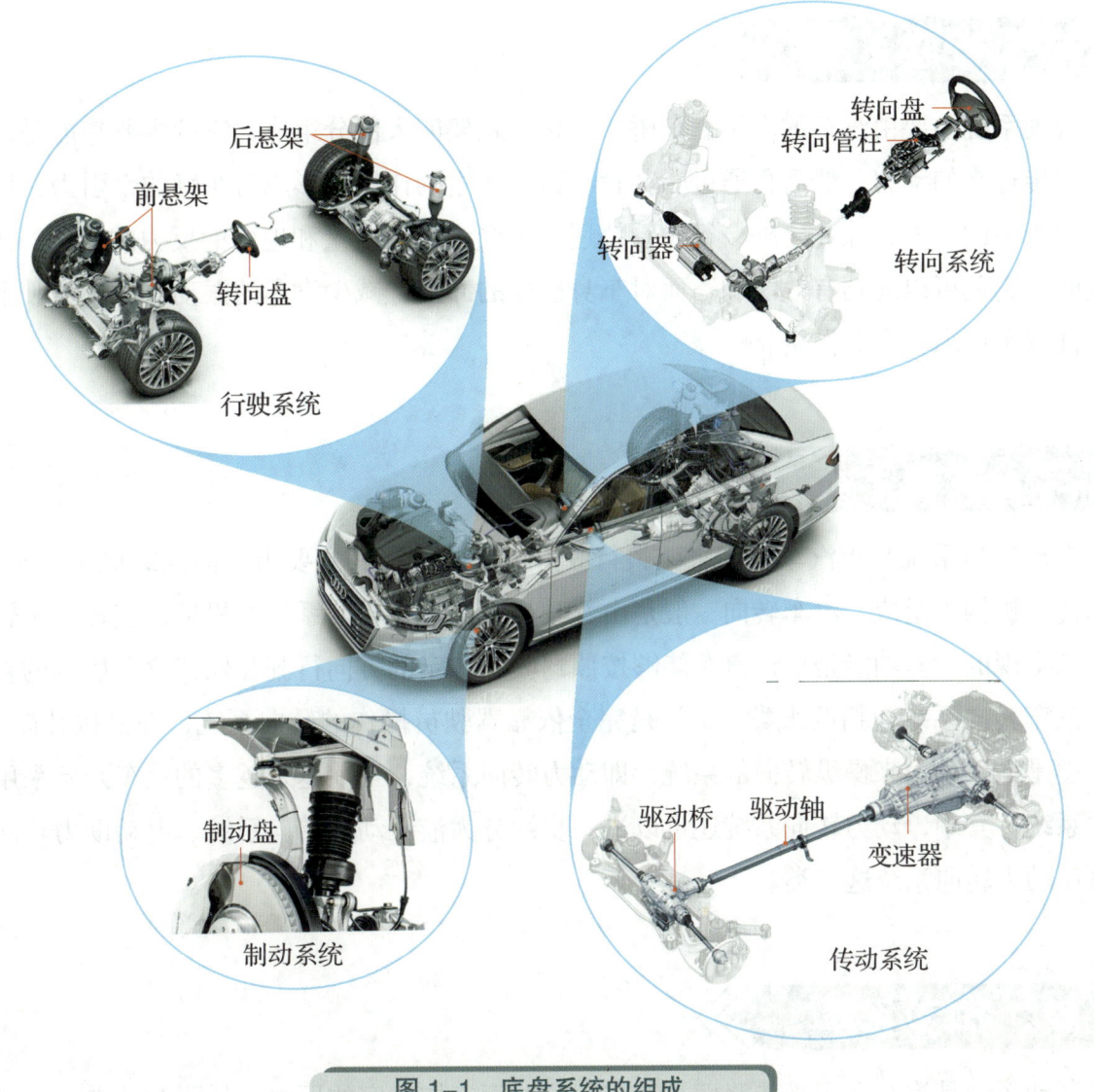

图 1-1 底盘系统的组成

一、传动系统

　　汽车传动系统指的是从发动机到驱动车轮之间所有的动力传递装置。其种类有机械传动、液压传统等多种，能满足不同种类、不同功能定位的汽车需要。传动系统的结构包括用于切断或传递发动机向变速器输入动力的离合器、改变运转速度和牵引力的变速器以及改变传输力方向的主减速器等多个部分。其基本作用是将发动机的转矩传递给驱动车轮，同时还必须适应形势条件的需要，改变转矩的大小，以普通的机械式传动系统为例，发动机产生的动力依次经过离合器、变速器和由万向节与传动轴组成的万向传动装置，以及安装在驱动桥中的主减速器、差速器和半轴，最后传到驱动车轮。传动系统在汽车行驶中的功能很多，包括最常用到的减速、变速、倒车、中断动力等。同时它还可以有效配合发动机进行各项工作，有力地保障了汽车的行驶安全。

二、行驶系统

行驶系统主要由汽车的车架、车桥、车轮和悬架四大部分组成，它的主要功能是接收传动系统传过来的动力，然后再通过驱动轮与路面产生的作用来形成对车辆的牵引力，使汽车有正常行驶的动力，除此之外，行驶系统还有承受汽车总重量和地面的反力的作用；在路面行驶时，它还可以起到有效缓和路面对车身造成的冲击，减少汽车的振动，保持行驶平稳以及保证汽车操纵稳定等作用。

三、转向系统

汽车转向系统是指汽车上用来调整行驶方向的机构。其主要由转向操纵机构、转向器、转向传动机构等组成。汽车转向一般是由驾驶员通过操纵转向系统的机件改变转向车轮的偏转角来实现的，其功能是保证汽车能够按照驾驶员选定的方向行驶和保持汽车稳定的直线行驶。汽车转向系统包括两大类：一类是完全依靠驾驶员操作的转向系统，即机械转向系统；另一类是借助动力来操纵转向的系统，即动力转向系统，当前越来越多的汽车开始采用动力转向系统。其中，动力转向系统还可以进一步细分为液压动力转向系统、电动助力转向系统和气压动力转向系统这三类。

四、制动系统

制动系统是汽车上用来使路面在汽车车轮上面施加一定的压力，从而对其进行一定程度的强制制动的一种装置。它的主要作用包括使汽车在以不同的速度行驶时能按照驾驶员的需要进行强制减速以及停车、使已停驶的汽车在包括坡道在内的各种道路条件下能稳定驻车以及使在下坡路段行驶的汽车速度保持稳定等。对汽车起制动作用的只能是作用在汽车上且方向与汽车行驶方向相反的外力，由于这些外力的大小和出现的时机都是随机的，不是驾驶员可以控制的，因此要想实现上面的功能，车辆就得加装一些专门的装置。现在很多车主都意识到了制动系统对行车安全性的重要作用，因此在他们车辆上的行车制动系统一般都安装有制动防抱死系统（ABS），它可以有效控制滑移率，始终使车轮处于转动状态而又有最大的制动力矩，从而为车辆制动时的操纵性和稳定性提供强大的保障。

项目二

传动系统的检修

项目描述

要想汽车正常行驶，除了能持续提供动力外，还必须将动力均匀地分配到每个车轮，这其中就利用到了传动系统中的变速器，对于发动机前置后轮驱动的轿车而言，还用到了传动系统中的万向传动装置和驱动桥。现代汽车上广泛用活塞式发动机作为动力源，因为所有活塞式发动机的旋转方向都是一定的，而汽车实际行驶过程中常常需要加速、减速甚至倒车。为了解决上述矛盾，在汽车传动系统中设置变速器是必要的。可想而知，传动系统在汽车整体构造中，还是占有重要地位的。

任务一 离合器的检修

任务目标

完成本学习任务后，学生在基础知识和基本技能方面应达到以下要求。

知识目标

（1）掌握摩擦式离合器的组成及工作原理。

（2）掌握摩擦式离合器各部件的检修方法。

（3）熟悉离合器的拆装步骤。

能力目标

（1）能正确拆装离合器。

（2）能够检修离合器的常见故障。

任务引入

离合器通常与发动机和飞轮安装在一起，是汽车传动系统与发动机之间切断和传递动力的部件。在汽车从起步到正常行驶直至停车的整个过程中，驾驶员操纵离合器，可根据需要使发动机与传动系统暂时切断或结合动力传递。本任务主要介绍目前使用较多的摩擦式离合器。

相关知识

一、离合器的功用

离合器安装于发动机与变速器之间，用于暂时分离或平顺结合以传递发动机的动力。其具体功用如下：

1. 实现汽车平稳起步

汽车由静止到行驶的过程，其速度应由零逐渐增大。如果没有离合器，而使传动系统与发动机之间刚性地连接，静止的汽车在起步时由于突然接上动力将会猛烈前冲，产生很大的惯性力。发动机在这一惯性力的作用下，转速急剧下降到最小稳定转速而熄火，汽车将不能起步。装有离合器后，汽车在起步前，驾驶员先踏下离合器踏板，使发动机与传动系统分开，待挂上适当的挡位后，再慢慢抬起离合器踏板，同时，逐渐加大加速踏板开度增加发动机的输出转矩，这样发动机的转矩便可由小到大地逐渐传给传动系统，汽车便由静止开始缓慢地逐渐加速，实现了汽车的平稳起步。

2. 便于换挡

为了适应汽车不断变化的行驶条件，传动系统经常要换用不同挡位工作。实现齿轮式变速器的换挡，即将原挡位的某一齿轮副退出传动，再使另一挡位的齿轮副进入工作。在换挡前踩下离合器踏板，中断动力传递，便于使原挡位的齿轮副脱开，同时也可能使新挡位齿轮副啮合部位的速度逐渐趋向同步，这样，换入新挡位时的冲击也将得到减轻。

3. 防止传动系统过载

当汽车进行紧急制动时，若没有离合器，则发动机将因和传动系统刚性相连而急剧降低转速，导致其中所有的运动部件产生很大的惯性力矩，其数值可能大大超过发动机正常工作时所发出的最大转矩，给传动系统带来超过其承载能力的载荷，而使其机件损坏。有了离合器后，当惯性力矩超过离合器允许的最大摩擦力矩时，其主、从动部分便产生相对滑动，消除了这一危险，因此，离合器有防止传动系统过载的作用。

离合器按照工作原理可以分为摩擦式离合器、液力离合器和电磁离合器等几种形式。

摩擦式离合器因结构简单、动力传递损失小而被广泛应用在汽车上。摩擦式离合器根据分类方法不同又可分为：按从动盘的数目不同，可分为单片式离合器、双片式离合器和多片式离合器；按压紧弹簧的结构及布置形式不同，可分为周布（螺旋）弹簧离合器、中央（螺旋）弹簧离合器、膜片弹簧离合器等。目前在汽车上使用最为广泛的摩擦离合器是膜片弹簧离合器。

二、摩擦离合器的结构与原理

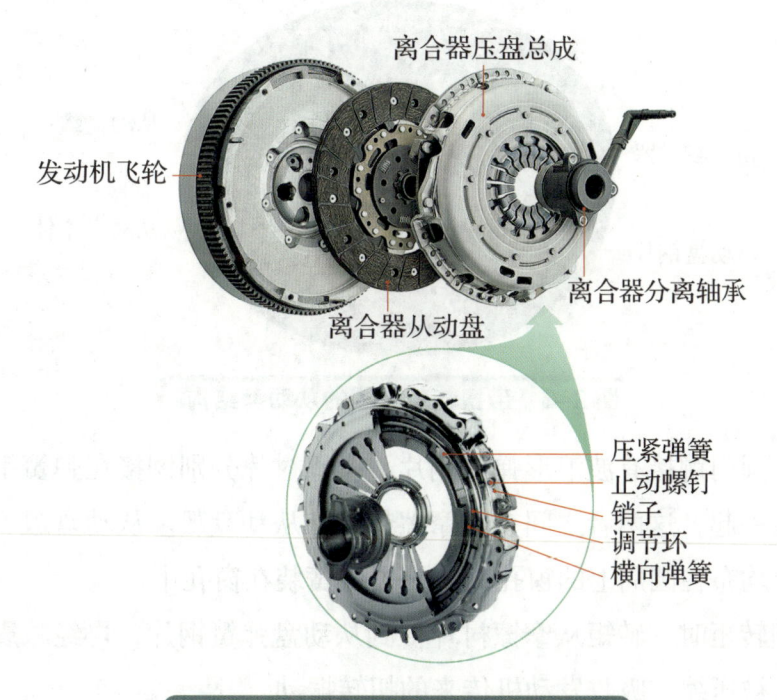

1. 膜片弹簧离合器的结构

膜片弹簧离合器目前在各种类型的汽车上都广泛应用，其结构如图2-1所示。

图2-1 膜片弹簧离合器的结构

膜片弹簧离合器由主动部分、从动部分、压紧机构和操纵机构组成。

1）主动部分

主动部分主要由飞轮和离合器盖总成组成。离合器盖总成由螺栓固定在发动机飞轮上，与发动机一起旋转，为了保持正确的安装位置，离合器盖通过定位销进行定位。

如图2-2所示，为膜片弹簧式离合器盖和压盘示意图，离合器盖总成由压盘、离合器盖、膜片弹簧、支承环、支承铆钉和传动片等组成。压盘与离合器盖之间通过周向均布的三组或四组传动片来传递转矩。传动片由弹簧钢片制成，每组两片，一端用支承铆钉铆接在离合器盖上，另一端用螺钉连接在压盘上。

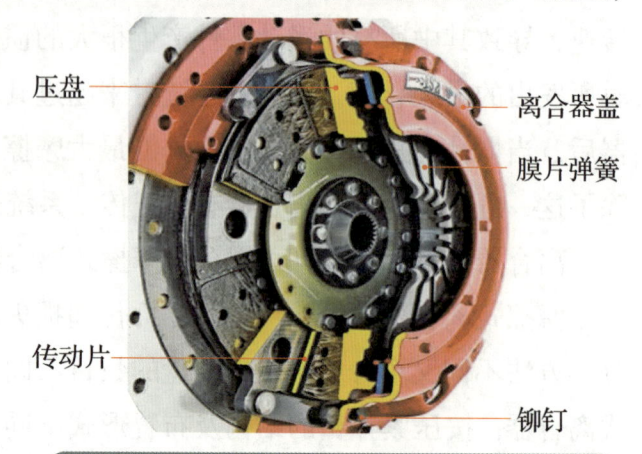

图2-2 膜片弹簧式离合器盖和压盘示意图

2）从动部分

从动部分包括从动盘和从动轴，从动盘一般都带有扭转减震器。发动机传到传动系统的转速和转矩是周期性变化的，会使传动系统产生扭转振动，这将使传动系统的零部件受到冲击性交变载荷，使寿命下降、零部件损坏，采用扭转减震器可以有效防止传动系统的扭转振动。带扭转减震器的从动盘结构如图2-3所示。

图2-3 带扭转减震器的从动盘结构

从动盘钢片外圆周铆接有波浪形弹簧钢片，摩擦衬片分别铆接在弹簧钢片上，从动盘钢片与减震器铆接在一起，这两者之间夹有摩擦垫圈和从动盘毂。从动盘毂、从动盘钢片和减震器盘上都有六个均布在圆周上的窗孔，减震器弹簧装在窗孔中。

当从动盘受到转矩时，转矩从摩擦衬片传到从动盘弹簧钢片，再经减震器弹簧传给从动盘毂，此时弹簧将被压缩，吸收发动机传来的扭转振动。

3）压紧机构

压紧机构由膜片弹簧构成，其径向开有若干切槽，形成弹性杠杆。离合器总成中的压紧弹簧有膜片弹簧和螺旋弹簧两种类型，它产生压紧力，使离合器能传递转矩。膜片弹簧是能够产生所需压紧力的碟形弹簧,如图2-4所示。

4)操纵机构

操纵机构主要包括分离杠杆、分离轴承、分离拨叉等,如图2-5所示。

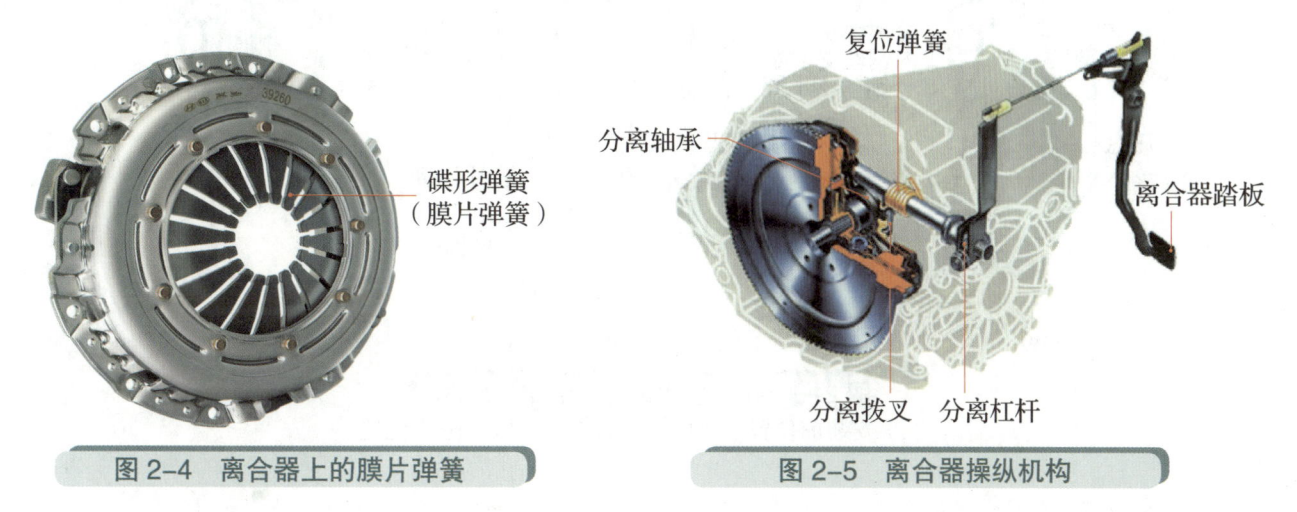

图2-4　离合器上的膜片弹簧

图2-5　离合器操纵机构

（1）分离杠杆。

分离杠杆起压紧膜片弹簧的作用,同时能将压盘从离合器从动盘上拉开。当踩下离合器踏板时,分离轴承被压到分离杠杆上,分离杠杆围绕中间支点摆动,压盘被拉开,作用在离合器从动盘上的压力释放,离合器分离。

（2）分离轴承。

分离轴承由分离拨叉驱动,它能将离合器操纵机构的作用力传递到旋转着的压盘膜片弹簧或分离杠杆上,用于分离离合器。当驾驶员踩下离合器踏板时,分离轴承推动压盘膜片弹簧或分离杠杆向前移动,释放压盘的作用力,使离合器分离。

（3）分离拨叉。

分离拨叉的作用是推动分离轴承,使离合器分离。分离拨叉通过螺栓安装在分离摇臂上,当离合器踩下时,拉索拉动分离摇臂转动,固定在上面的拨叉向前移动并推动分离轴承,使其压缩膜片弹簧,离合器分离。当松开踏板时,分离拨叉在弹簧的作用下复位,分离轴承解除对膜片弹簧的压力,离合器接合。

2. 膜片弹簧离合器的工作原理

如图2-6所示,在膜片弹簧上,靠中心部分开有若干个径向切口,形成分离指,起分离杠杆作用。膜片弹簧两侧有钢丝支承圈,借助铆钉将其安装在离合器盖上。在离合器盖未固定到飞轮上时,膜片弹簧不受力,处于自由状态,如图2-6（a）所示。此时离合器盖与飞轮安装面有一定距离。当将离合器盖用螺钉固定到飞轮上时,如图2-6（b）所示。由于离合器盖靠向飞轮,钢丝支承圈压膜片弹簧使之发生弹性变形。同时,在膜片弹簧外端对压盘产生压紧力而使离合器处于接合状态。当离合器分离时,分离轴承左移,如图2-6（c）所示。推动分离指内端左移,则膜片弹簧以支承圈为支点转动,于是膜片弹簧外端右移,并通过分离弹簧钩拉动压盘使离合器分离。

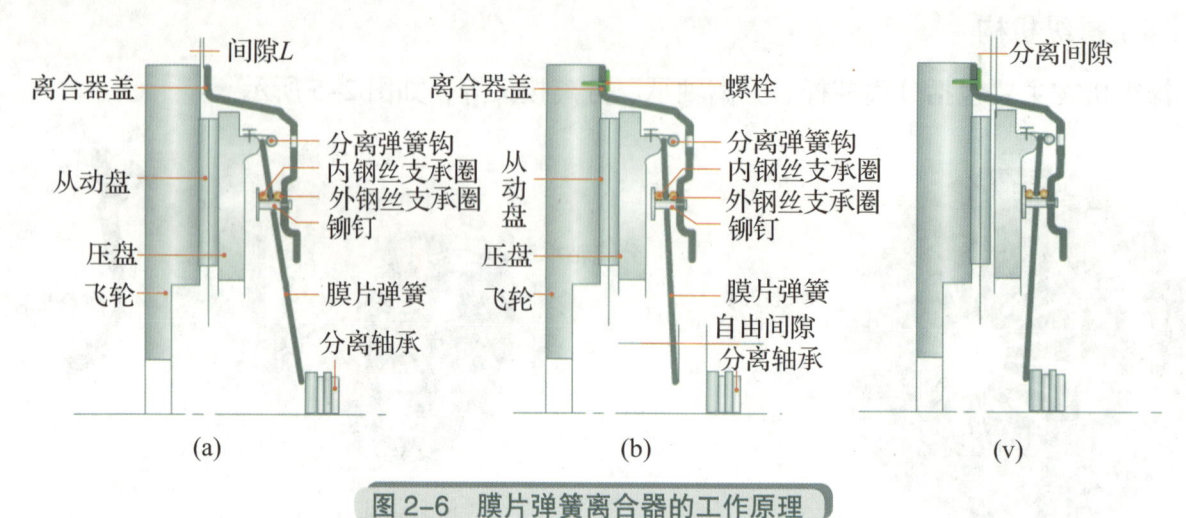

图 2-6 膜片弹簧离合器的工作原理
（a）安装前位置；（b）接合位置；（c）分离位置

3. 离合器自由间隙与踏板自由行程

离合器在正常接合状态下，分离杠杆内端与分离轴承之间应留有一个间隙，一般为几毫米，这个间隙称为离合器自由间隙。如果没有自由间隙，从动盘摩擦片磨损变薄后压盘将不能向前移动抓紧从动盘，这将导致离合器打滑，使离合器所能传动转矩下降，车辆行驶无力，而且会加速从动盘的磨损。

为了消除离合器的自由间隙和操纵机构零件的弹性变形所需要的离合器踏板行程称为离合器踏板自由行程，如图 2-7 所示。可以通过拧动调节叉来改变分离拉杆的长度，对踏板自由行程进行调整。

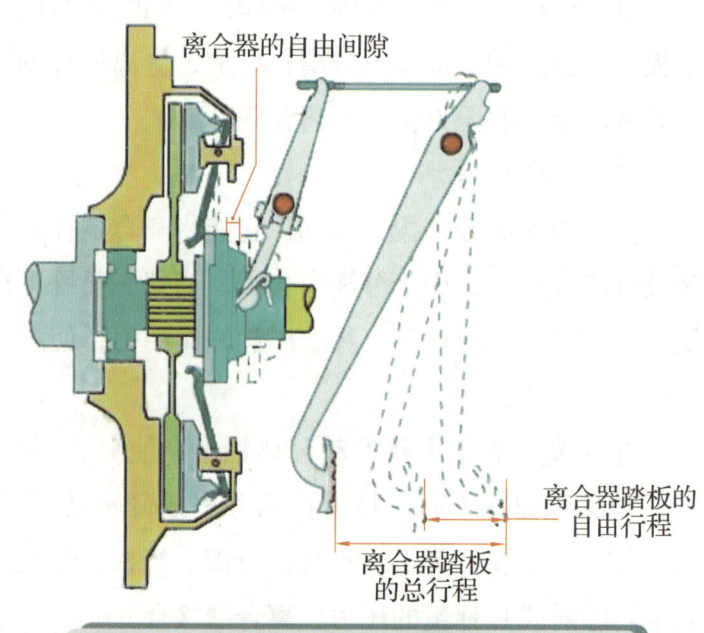

图 2-7 离合器踏板的自由间隙和自由行程

三、离合器操纵机构的结构与原理

离合器操纵机构的作用：驾驶员借助该机构使离合器分离或平顺接合，通常以离合器踏板为始端，离合器壳内的分离轴承为终端。离合器操纵机构按照分离时操纵力源的不同，可分为人力式和助力式。人力式包括液压式和机械式；助力式包括弹簧助力式和气压助力式。

而弹簧助力式的液压操纵机构在汽车上较为常见。

1. 液压式操纵机构

液压式操纵机构具有摩擦阻力小、质量小、布置方便、接合柔和等优点，目前应用于各种类型的车上。液压式操纵机构的结构如图2-8所示，主要由离合器踏板、储液罐、离合器主缸（总泵）、离合器工作缸（分泵）、油管、分离板（分离叉）、分离轴承等组成。

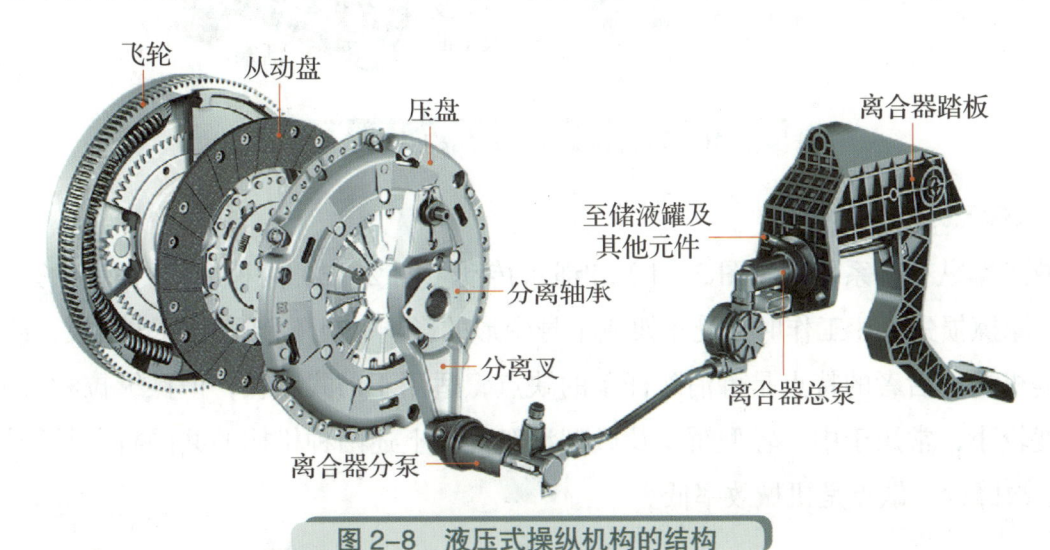

图 2-8 液压式操纵机构的结构

储液罐有两个出油孔，分别把制动液供给制动主缸和离合器主缸。

离合器主缸的结构及安装位置如图2-9所示。主缸内装有活塞，活塞中部较细，且为"十"字形断面，使活塞右方的主缸内腔形成油室。活塞两端装有皮碗。活塞左端中部装有单向阀，经小孔与活塞右方主缸内腔的油室相通。当离合器踏板处于初始位置时，活塞左端皮碗位于补偿孔A与进油孔B之间，两孔均开放。

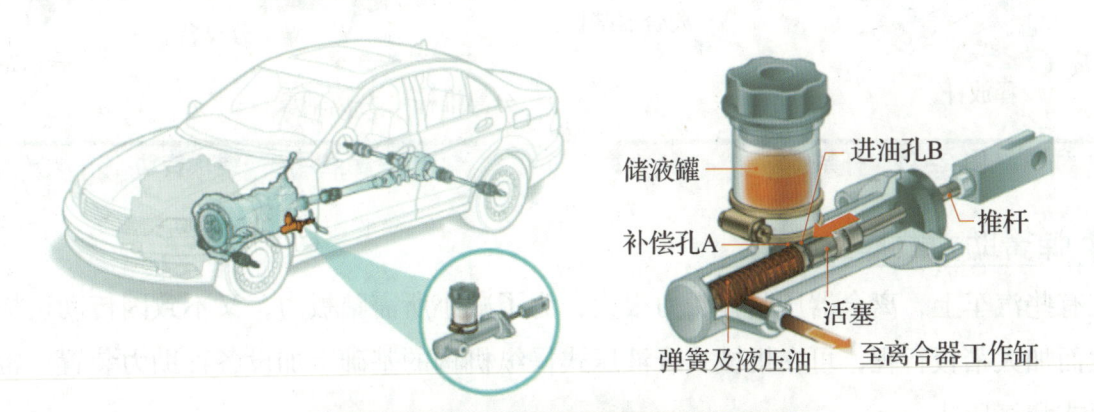

图 2-9 离合器主缸的结构及安装位置

离合器工作缸的结构及安装位置如图2-10所示。工作缸内装有活塞、皮碗、推杆等，缸体上还设有放气螺塞。当管路内有空气而影响操纵时，可拧松放气螺塞进行放气。工作缸活塞直径略大于主缸活塞直径，故液压系统稍有增力作用，以补偿液流通道的压力损失。

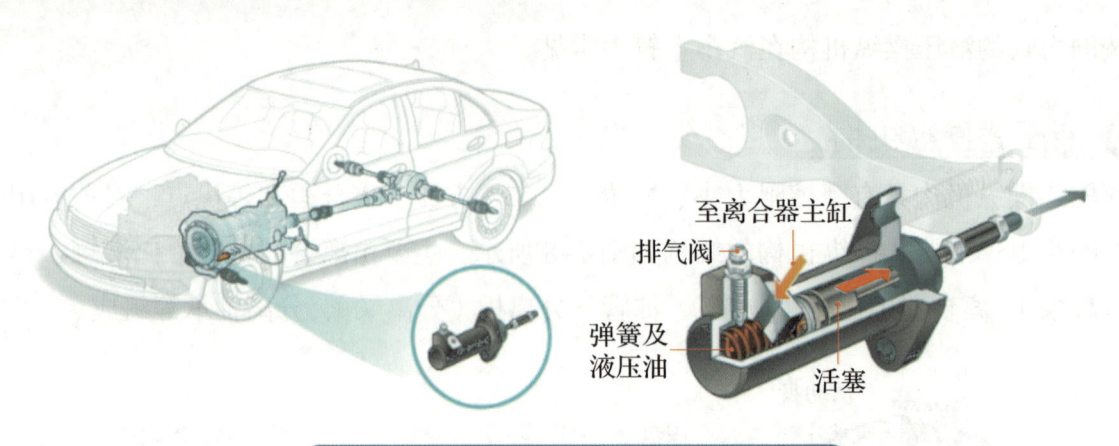

图 2-10 离合器工作缸的结构及安装位置

2. 机械式操纵机构

机械式操纵有杆系传动（图 2-11）和绳系传动（图 2-12）两种形式。前者的特点是关节点多，摩擦损失大，工作时会受车架或车身变形的影响，且不能采用吊式踏板，载货汽车常用此类机构。后者的特点是可消除杆系的缺点，适用于吊式踏板，但操纵拉索寿命较短，拉伸刚度较小，常用于中、轻型轿车及微型汽车等。上述两种机构的共同特点是结构简单、成本低、故障少，缺点是机械效率低。

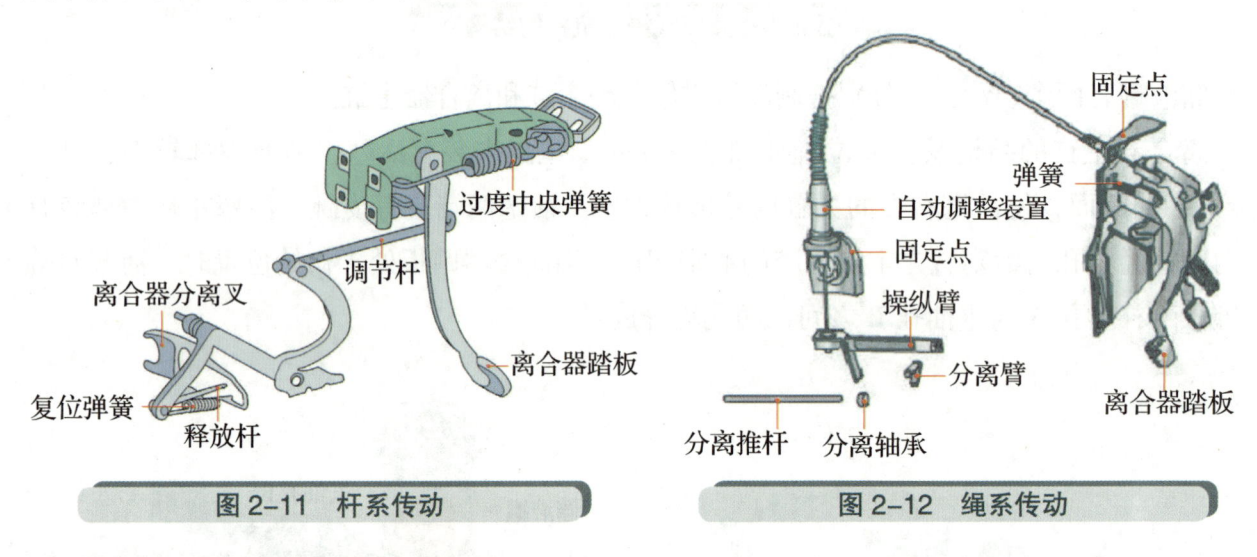

图 2-11 杆系传动

图 2-12 绳系传动

3. 弹簧助力式操纵机构

在有些汽车上，离合器压紧弹簧力很大，为了减小所需踏板力，又不致因传动机构杠杆比过大而加大踏板行程，可在机械式或液压式操纵机构的基础上加设各种助力装置，常用的有弹簧式和气压式。

气压助力式操纵机构一般应用在中、重型汽车上。利用发动机带动的空气压缩机作为主要的操纵能源，驾驶员的肌体作为辅助和后备的操纵能源。

弹簧助力式操纵机构目前轿车上应用较多，其结构如图 2-13 所示。当离合器踏板完全放松时，助力弹簧轴线位于踏板转轴下方。踩下离合器踏板，踏板绕自身转轴顺时针转动，压缩助力弹簧，此时助力弹簧起到阻碍的作用，即助力弹簧的伸张力产生一个较小的阻碍踏板转动的逆时针力矩 FL。当踏板转动到阻力弹簧的轴线与踏板转轴处于一条直线上时，该阻碍力矩为零。随着踏板的进一步踩下，助力弹簧轴线位于踏板转动的顺时针力矩为 FL。在踏板后段行程是最需要助力作用的，显然这种弹簧助力式操纵机构可以有效地减轻驾驶室疲劳。

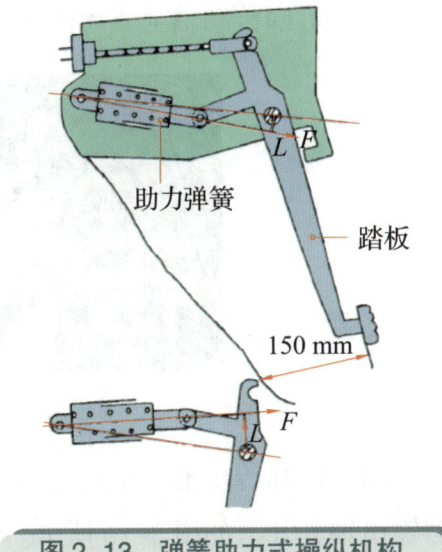

图 2-13 弹簧助力式操纵机构

相关技能

1. 实训内容

离合器的检修。

2. 准备工作

（1）福特野马轿车一辆。

（2）百分表、磁力表座、游标卡尺、刀口尺或钢直尺、塞尺、变速器千斤顶、举升机及拆装工具。

3. 注意事项

（1）明确操作规范和职责范围，预防潜在危险。

（2）实践操作过程中保持场地卫生及安全，不嬉戏打闹。

（3）在使用举升机的过程中应将保险设置好后再开始工作。

（4）使用维修手册时，要注意避免破损，手册与使用车型相对应。

4. 操作步骤

1）离合器的拆装

下面以福特野马车系为例，讲解摩擦式离合器的拆装过程。

（1）拆卸蓄电池负极接柱，并举升车辆至合适位置。

（2）拆卸左右排气管支撑座紧固螺栓，并取下排气管后半截，如图 2-14 所示。

图 2-14 拆卸左右排气管支撑座紧固螺栓

（3）拆卸传动轴至驱动桥的紧固螺栓，如图2-15所示。

图2-15 拆卸传动轴至驱动桥的紧固螺栓

（4）拆卸传动轴至变速器输出轴的紧固螺栓，并用锤子轻轻敲击万向节边缘使其与变速器输出轴脱开，如图2-16所示。

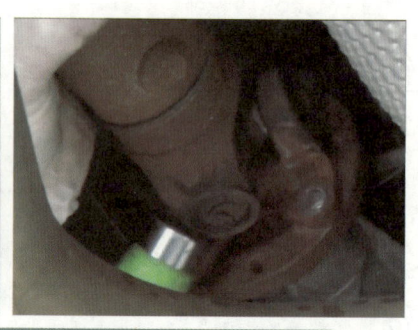

图2-16 拆卸传动轴至变速器输出轴的紧固螺栓

（5）拆卸传动轴中间支撑紧固螺栓，并取下传动轴总成，如图2-17所示。

图2-17 拆卸传动轴中间支撑紧固螺栓

（6）拔掉后氧传感器线束插头，用变速器千斤顶顶起变速器，如图2-18所示。

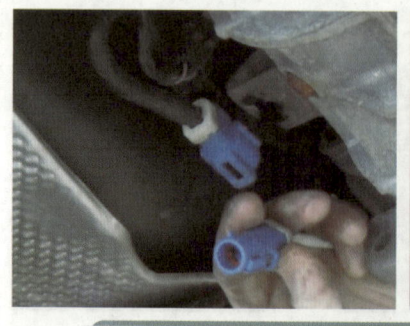

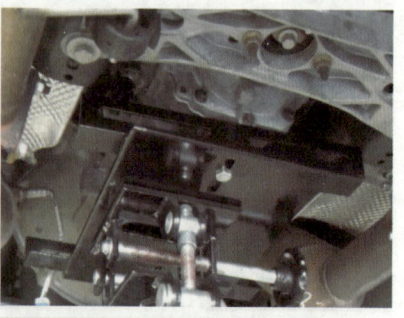

图2-18 拔掉后氧传感器线束插头并顶起变速器

（7）拆卸变速器支撑架紧固螺栓，松开排气管减振胶，取下变速器支撑架，如图 2-19 所示。

图 2-19　取下变速器支撑架

（8）用木销抵住发动机油底壳（目的是防止油底壳与前梁磕碰），如图 2-20 所示。缓慢放下变速器千斤顶，使其油底壳压住木销，如图 2-21 所示。

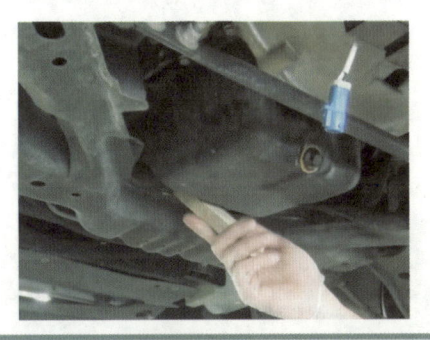

图 2-20　用木销抵住发动机油底壳

图 2-21　缓慢放下变速器千斤顶

（9）拆卸前氧传感器，如图 2-22 所示。拆卸左右排气管至发动机排气口的紧固螺母，并取下排气管前半截总成，如图 2-23 所示。

图 2-22　拆卸前氧传感器

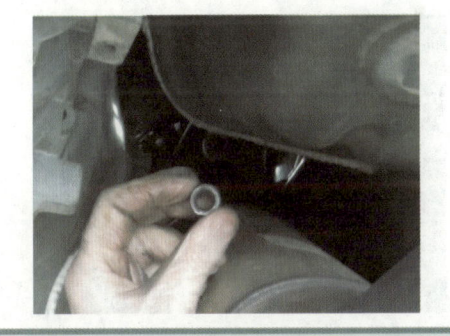

图 2-23　拆卸左右排气管至发动机排气口的紧固螺母

（10）拆卸变速器换挡操纵杆紧固螺母，取下操纵杆，如图 2-24 所示。

图 2-24　拆卸变速器换挡操纵杆

（11）拆卸操纵杆连接螺母，如图2-25所示。脱开转速传感器线束插头，如图2-26所示。

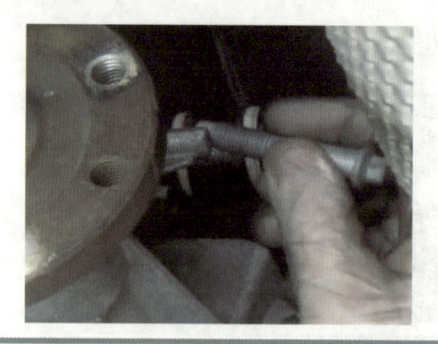

图2-25 拆卸操纵杆连接螺母

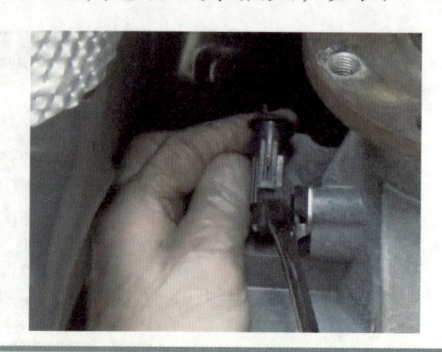

图2-26 脱开转速传感器线束插头

（12）脱开起动机连接线束，如图2-27所示。拆卸起动机固定螺栓，取下起动机，如图2-28所示。

图2-27 脱开起动机连接线束

图2-28 拆卸起动机固定螺栓

（13）拆卸离合器液压油管，如图2-29所示，并用堵漏塞堵住液压油管，防止漏油，如图2-30所示。

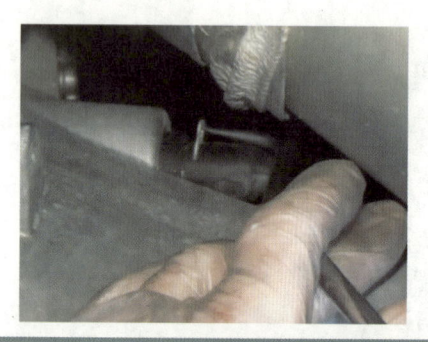

图2-29 拆卸离合器液压油管

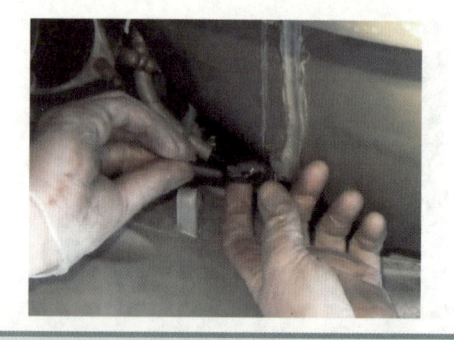

图2-30 用堵漏塞堵住液压油管

（14）逐一拆卸变速器至发动机紧固螺栓，如图2-31所示。

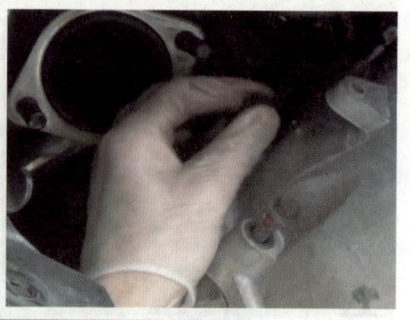

图2-31 拆卸变速器至发动机紧固螺栓

项目二 传动系统的检修

> ⚠ **注意事项**：根据维修经验在拆卸变速器紧固螺栓时，不要将全部螺栓取出，应该留1到2个螺栓（螺栓丝口未全部脱出）在变速器上，目的是：防止变速器突然坠落，对人身造成伤害。

（15）检查变速器上是否还有没有拆卸的线束及其他部件。

（16）使用变速器千斤顶，将变速器托起，并用锁链牢牢扣住变速器，防止变速器左右摆动，如图2-32所示。

图2-32 将变速器顶起并用锁链锁住变速器

（17）用撬棍轻轻撬动变速器与发动机的接合面，使其彻底脱开，如图2-33所示。取下变速器，然后缓慢降下变速器千斤顶，如图2-34所示。

图2-33 轻轻撬动变速器与发动机的接合面

图2-34 取下变速器

（18）依次拆卸离合器紧固螺栓，并取下离合器总成，如图2-35所示。

图2-35 拆卸离合器紧固螺栓，并取下离合器总成

（19）离合器的装配与拆卸步骤相反，这里不详细阐述。

2）飞轮的检修

如果飞轮摆差过大就会影响离合器的正常工作。在大修发动机时应检查一下飞轮摆差，看是不是在规定范围内。一般它的最大值不得超过 0.2 mm，如果超过这个范围，则应进行修理或更换，并且要注意修理或更换后需对曲轴总成做一下动平衡试验。检查可用磁力表座、百分表进行端面圆跳动量测试，如图 2-36 所示。

图 2-36 飞轮端面圆跳动量的检查

测量飞轮端面圆跳动量为_____，允许值为_____，结论_____。

3）从动盘的检修

先目视检查，看从动盘摩擦片是否有裂纹、铆钉是否外露、减震器弹簧是否断裂等情况，将目测结果填入表 2-1 中。

表 2-1 目测检查结果

目测零件	目测零件表面状况
从动盘	
铆钉	
减震器弹簧	

（1）摩擦片厚度的检查。

摩擦片磨损后其厚度不得小于规定值。测量方法如图 2-37 所示。将测量数据填入表 2-2 中。

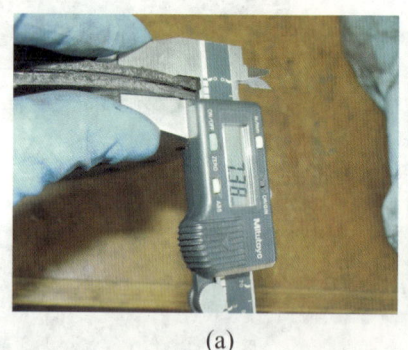

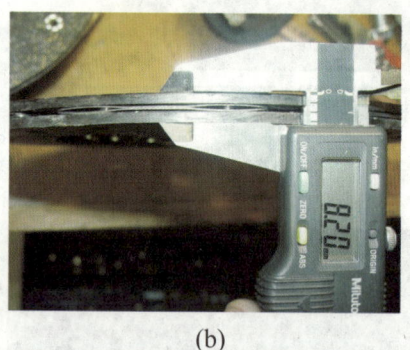

图 2-37 摩擦片厚度的检查
（a）旧摩擦片；（b）新摩擦片

表 2-2 摩擦片厚度的测量数据

检测项目	标准值/mm	测量值/mm	结论
摩擦片厚度的测量			

⚠ 注意事项：由于每个车型摩擦片的厚度规定值不一致，故实际以测量车型为主。

（2）从动盘端面圆跳动的检查。

如图 2-38 所示，用一个带架的百分表在距外缘 2.5 mm 处进行测量，其最大值不得超过 0.4 mm，否则应更换。

4）压盘的检修

对于压盘，它的损伤主要是刮伤、不平或烧蚀等。对于轻度刮伤或烧蚀可以进行光磨修复，对于刮伤比较严重或变形的要予以更换。压盘平面度的检查如图 2-39 所示，其最大值不得大于 0.1 mm，当离合器压盘损坏不能使用时，需更换压盘。

图 2-38　从动盘端面圆跳动的检查

图 2-39　离合器压盘平面度的检查

5）膜片弹簧的检修

离合器上的膜片弹簧因长期受载荷作用容易出现疲劳，会产生弹性减弱、折断、弯曲等现象，从而影响离合器的正常工作。膜片弹簧要对其弯曲进行校正，同时还要测量膜片弹簧与分离轴承端的磨损深度和宽度。将测量数据填入表 2-3 中，测量方法如图 2-40 所示。用游标卡尺测量膜片弹簧内端（与分离轴承接触面）磨损的深度和宽度，一般深度应小于 0.6 mm，宽度应小于 5 mm，否则应更换。

图 2-40　膜片弹簧的检修

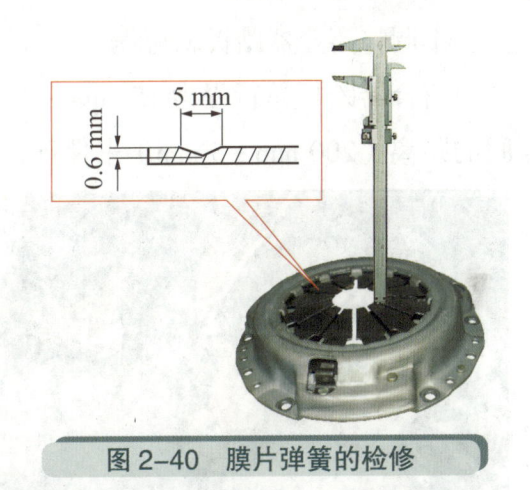

表 2-3　膜片弹簧的测量数据

检测项目	标准值 /mm	测量值 /mm	结论
膜片弹簧分离指磨损			

6）离合器踏板的调整

离合器踏板自由行程过大会导致离合器分离不彻底、换挡困难等故障；离合器踏板自由行程过小会导致离合器打滑、烧蚀等故障。

（1）检查离合器踏板自由行程。

为了使汽车运行时离合器能更好地传递动力，真正处于结合状态，在分离离合器时，必须克服传动过程中的积累间隙。这些间隙反映到踏板上的空行程则称为离合器的自由行程。

如图 2-41 所示，检查踏板自由行程，把直尺或卷尺抵在驾驶室底板上，测量出踏板完全放松时的高度，再用手轻按踏板，感到阻力增大时再测量踏板高度，两次测量的高度差即为踏板的自由行程。

反复踩放离合器踏板，将离合器踏板的工作情况填写在下面：

图 2-41　检查踏板自由行程

踏板回位情况：_____。

踏板连接情况：_____。

踏板响声情况：_____。

感觉踏板力：_____。

查阅维修手册，离合器踏板高度标准值为_____mm。

测量实际离合器踏板高度为_____mm。

查阅维修手册，离合器踏板自由行程标准值为_____mm。

测量实际离合器踏板自由行程为_____mm。

（2）离合器的调整。

①调整离合器踏板总行程。

离合器踏板总行程为 150 mm ± 5 mm，由分离叉轴驱动臂与拉索架（变速器壳体上）之间的距离（200 mm ± 5 mm）来保证，通过改变驱动臂的安装位置来实现（注意：不可通过架上的调整螺母来实现）。

②离合器踏板自由行程的调整。

离合器踏板自由行程指分离轴承与膜片内端分离之间的间隙在踏板上反映的移动量，其正常值为 20 mm ± 5 mm，通过踏板上方的调整螺母进行调整，如图 2-42 所示。调整前应先保证驱动臂与拉索架之间的距离为 200 mm ± 5 mm。

图 2-42　离合器踏板自由行程的调整

7）离合器液压系统中空气的排出

离合器液压系统在经过检修之后，管路内可能进入空气，在添加制动液时也可能使液压系统中进入空气。空气进入后，由于缩短了主缸推杆行程即踏板工作行程，从而使离合器分离不彻底。因此，液压系统检修后或怀疑液压系统进入空气时，就要排除液压系统中的空气。排除方法如下：

（1）将主缸储液罐中的制动液加至规定高度，举升车辆。

（2）在工作缸的放气阀上安装一软管，接到一个盛有制动液的容器内。

（3）排空气时需要两个人配合工作，一人慢慢地踩离合器踏板数次，感到有阻力时踩住不动，另一人拧松放气阀直至制动液开始流出，然后再拧紧放气阀。

（4）连续按上述方法操作几次，直到流出的制动液中不见气泡为止。

（5）空气排除干净之后，需要再次检查及调整踏板自由行程。

（6）再次检查主缸储液罐液面高度，必要时添加。

5. 技能总结

任务二 手动变速器的检修

任务目标

完成本学习任务后，学生在基础知识和基本技能方面应达到以下要求。

知识目标

（1）了解变速器的功用。

（2）掌握二轴式变速器的换挡原理。

（3）掌握三轴式变速器的换挡原理。

（4）掌握同步器的同步原理。

（5）熟悉自锁装置和互锁装置的作用。

能力目标

（1）会分析三轴式变速器的换挡过程。

（2）会分析二轴式变速器的换挡过程。

（3）会检测变速器输出轴组件。

（4）能独立拆装手动变速器。

任务引入

手动变速器的故障一般不是噪声就是换挡方面的故障。如果知道出故障时在变速器内部发生了什么，诊断起来就比较容易。如果换挡方面有故障，就要考虑换挡时变速器中被推动的是哪些零件，这些零件要完成什么动作。例如，如果无法挂上二挡而很容易挂上其他挡位，则故障出在二挡齿轮上。

手动变速器最常见的故障：换挡时打齿，变速器噪声过大，变速器自动脱挡，挂挡困难，变速器漏油和变速器无法换挡。

相关知识

一、变速器的功能

当今汽车仍广泛采用活塞式内燃机作为动力源，这种内燃机用于汽车有以下的欠缺：发动机输出转速太高、转矩低，无法满足汽车相对车速较低、转矩高的要求；同时，其转矩和转速变化范围较小，难以适应汽车车速和牵引力大范围变化的实际需要。为了解决这些问题，在汽车传动系中设置了变速器。

汽车用变速器通常应具有以下功能：

（1）能按需要改变传动比，达到"减速、增矩"的目的，同时扩大汽车驱动轮转矩和转速的变化范围。

（2）在发动机不改变旋转的前提下，能完成汽车反向行驶，实现倒车。

（3）能中断发动机与驱动轮之间的动力联系，满足发动机起动、怠速运转和变速器换挡等工况需要。

为此，变速器一般都设有倒车挡、空挡和若干个前进挡。任何车用变速器均由用于改变速比的变速传动机构和用以实现换挡操作的操纵机构组成。当车辆有额外动力输出要求的时候，还可以加装专门的动力输出装置。

二、二轴式变速器的变速传动机构

1. 二轴式变速器的结构

二轴式变速器主要应用于发动机前置、前轮驱动（FF）和发动机后置、后轮驱动（RR）的中、轻型轿车上，以便于汽车的总体布置。

典型的二轴式五挡变速器的结构如图2-43所示。此变速器有输入轴和输出轴，二轴平行布置，输入轴也是离合器的从动轴，输出轴也是主减速器的主动锥齿轮轴。该变速器具有5个前进挡和1个倒挡，全部采用锁环式惯性同步器换挡。输入轴上有一至五挡主动齿轮，其中一、二挡主动齿轮与轴制成一体，三、四、五挡主动齿轮通过滚针轴承空套在轴上。输入轴上还有倒挡主动齿轮，它与轴制成一体。三、四挡同步器和五挡同步器也装在输入轴上。输出轴上有一至五挡从动齿轮，其中一、二挡从动齿轮通过滚针轴承空套在轴上，三、四、五挡齿轮通过花键套装在轴上。一、二挡同步器也装在输出轴上，倒挡从动齿轮与接合套制成一体。在变速器壳体的右端还装有倒挡轴，上面通过滚针轴承套装有倒挡中间齿轮。

图2-43 典型的二轴式五挡变速器的结构

2. 二轴式变速器各挡动力传动路线

1）空挡动力传动路线

轴上的各接合套、传动齿轮均处于中间空转的位置，动力不传给输出轴。

2）一挡动力传动路线

一挡主动齿轮与输入轴连接在一起，一挡从动齿轮通过滚针轴承装在输出轴上，主、从动齿轮相互啮合，正常情况下从动齿轮在输出轴上空转。

选择一挡时操纵机构通过一、二挡拨叉将一、二挡同步器啮合套左移，经过同步后，同步器啮合套将一挡从动齿轮和同步器齿毂连为一体。离合器传递过来的动力经输入轴上的一挡主动齿轮及与之啮合的一挡从动齿轮传给一、二挡同步器和同步器齿毂，再通过齿毂花键传给输出轴。如图 2-44 所示。

3）二挡动力传动路线

二挡主动齿轮与输入轴连接在一起，二挡从动齿轮通过滚针轴承装在输出轴上，主、从动齿轮相互啮合，正常情况下从动齿轮在输出轴上空转。

选择二挡时操纵机构通过一、二挡拨叉将一、二挡同步器啮合套右移，经过同步后，同步器啮合套将二挡从动齿轮和同步器齿毂连为一体。离合器传递过来的动力经输入轴上的二挡主动齿轮及与之啮合的二挡从动齿轮传给一、二挡同步器和同步器齿毂，再通过齿毂花键传给输出轴。如图 2-45 所示。

图 2-44　一挡动力传动路线

图 2-45　二挡动力传动路线

4）三挡动力传动路线

三挡主动齿轮与输入轴间装有滚针轴承，输入轴转动时三挡主动齿轮不与输入轴一同旋转，三挡从动齿轮与输出轴装在一起并随输出轴一起旋转，主、从动齿轮相互啮合。选择三挡时操纵机构通过三、四挡拨叉将三、四挡同步器啮合套左移，同步器将三挡主动齿轮与输入轴锁为一体，发动机动力经输入轴的花键传给三、四挡同步器齿毂，再经三、四挡同步器的啮合套传给三挡主动齿轮，然后由与三挡主动齿轮常啮合的从动齿轮通过花键传给输出轴。如图 2-46 所示。

5）四挡动力传动路线

四挡主动齿轮与输入轴间装有滚针轴承，输入轴转动时四挡主动齿轮不与输入轴一同旋转，四挡从动齿轮与输出轴装在一起并随输出轴一起旋转，主、从动齿轮相互啮合。选择四挡时操纵机构通过三、四挡拨叉将三、四挡同步器啮合套右移，同步器将四挡主动齿轮与输入轴锁为一体，发动机动力经输入轴的花键传给三、四挡同步器齿毂，再经三、四挡同步器的啮合套传给四挡主动齿轮，然后由与四挡主动齿轮常啮合的从动齿轮通过花键传给输出轴。如图 2-47 所示。

图 2-46　三挡动力传动路线　　　　　　　图 2-47　四挡动力传动路线

6）五挡动力传动路线

五挡主动齿轮与输入轴间装有滚针轴承，输入轴转动时五挡主动齿轮不与输入轴一同旋转，五挡从动齿轮与输出轴装在一起并随输出轴一起旋转，主、从动齿轮相互啮合。选择五挡时操纵机构通过五挡拨叉将五挡同步器啮合套右移，同步器将五挡主动齿轮与输入轴锁为一体，发动机动力经输入轴的花键传给五挡同步器齿毂，再经五挡同步器的啮合套传给五挡主动齿轮，然后由与五挡主动齿轮常啮合的从动齿轮通过花键传给输出轴。如图 2-48 所示。

7）倒挡动力传动路线

换挡手柄位于倒挡时，倒挡惰轮换入，与倒挡主动齿轮和倒挡从动齿轮啮合。倒挡从动齿轮同时又是一、二挡同步器接合套，同步器接合套带有沿其外缘加工的直齿。倒挡惰轮改变变速齿轮的转动方向，从而实现倒车，如图 2-49 所示。

图 2-48　五挡动力传动路线　　　　　　　图 2-49　倒挡动力传动路线

三、三轴式变速器的变速传动机构

1. 三轴式变速器的结构

在发动机前置后轮驱动（FR 型）的汽车上，常采用三轴式变速器，如丰田皇冠、各类皮卡及面包车等。其特点是传动比范围较大，有直接挡，传动效率高等。

典型的三轴式五挡变速器的结构如图 2-50 所示。这种变速器设置有第一轴 A（输入轴）、第二轴 B（输出轴）和中间轴 C。第一轴前端通过离合器与发动机曲轴相连，第二轴后端通过凸缘连接万向传动装置，而中间轴则主要用来固定安装各挡的变速传动齿轮。

图 2-50 典型的三轴式五挡变速器的结构

2. 三轴式变速器各挡动力传动路线

1）空挡动力传动路线

发动机旋转时，其动力由第一轴经中间轴常啮合主动齿轮传至中间轴 C。但在空挡位置时，一、二、三、四挡同步器接合套都处于中间位置，第二轴上的齿轮都在中间轴齿轮的带动下空转，动力不能传给第二轴。

2）一挡动力传动路线

一挡主动齿轮与中间轴花键配合，从动齿轮与输出轴间装有滚针轴承，从动齿轮在输出轴上空转。选择一挡时操纵机构通过一、二挡拨叉将一、二挡同步器啮合套右移，经过同步后，同步器啮合套将一挡从动齿轮和同步器齿毂连为一体。离合器传递的动力经输入轴上的中间轴常啮合主动齿轮、中间轴上的常啮合从动齿轮传递到中间轴上的一挡主动齿轮。一挡主动齿轮将动力传给一挡从动齿轮。一挡从动齿轮再将动力传递给一、二挡同步器和同步器齿毂，通过同步器齿毂花键将动力传递给输出轴。其动力传动路线如图 2-51 所示。

图 2-51 一挡动力传动路线

3）二挡动力传动路线

当选择二挡时操纵机构通过一、二挡拨叉将一、二挡同步器啮合套左移，经过同步后，同步器啮合套将二挡从动齿轮和同步器齿毂连为一体。离合器传递的动力经输入轴上的中间轴常啮合主动齿轮、中间轴上的常啮合从动齿轮传递到中间轴上的二挡主动齿轮。二挡主动齿轮将动力传给二挡从动齿轮。二挡从动齿轮再将动力传递给一、二挡同步器和同步器齿毂，通过同步器齿毂花键将动力传递给输出轴。其动力传动路线如图 2-52 所示。

图 2-52　二挡动力传动路线

4）三挡动力传动路线

当选择三挡时操纵机构通过三、四挡拨叉将三、四挡同步器啮合套右移，经过同步后，同步器啮合套将三挡从动齿轮和同步器齿毂连为一体。离合器传递的动力经输入轴上的中间轴常啮合主动齿轮、中间轴上的常啮合从动齿轮传递到中间轴上的三挡主动齿轮。三挡主动齿轮将动力传给三挡从动齿轮。三挡从动齿轮再将动力传递给三、四挡同步器和同步器齿毂，通过同步器齿毂花键将动力传递给输出轴。其动力传动路线如图 2-53 所示。

5）四挡动力传动路线

四挡齿轮在输入轴末端与输入轴制为一体。当选择四挡时，三、四挡拨叉推动同步器啮合套向左移动，推动四挡同步环与四挡齿轮锥面接触，两者达到同一转速后，啮合套在拨叉的作用下继续向左移动，将四挡同步环与四挡齿轮锁为一体。动力通过主动轴四挡齿轮传递给三、四挡同步器啮合套，再传递给同步器齿毂，经同步器齿毂花键传递给输出轴。四挡的目的是通过同步器将输入轴与输出轴锁为一体，实现动力的直接输出。故此挡称为直接挡，其动力传动路线如图 2-54 所示。

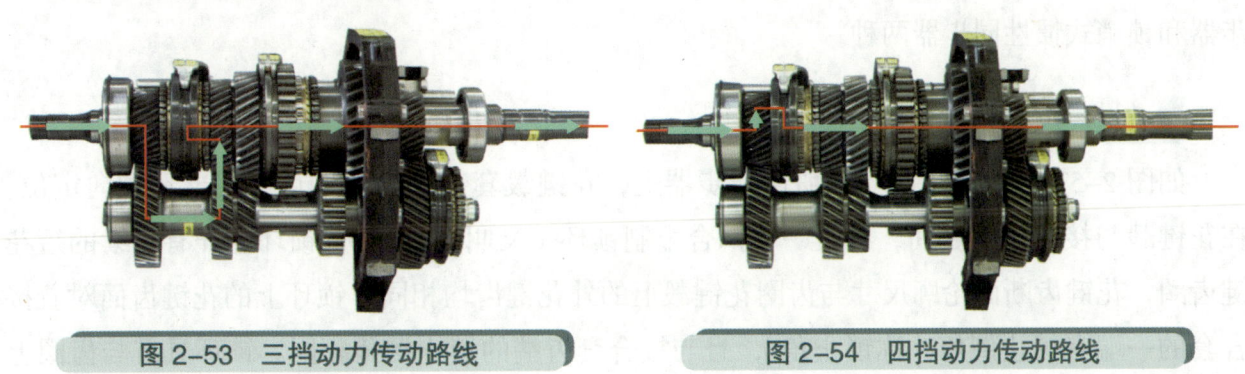

图 2-53　三挡动力传动路线

图 2-54　四挡动力传动路线

6）五挡动力传动路线

五挡主动齿轮与中间轴制为一体，从动齿轮与输出轴之间装有滚针轴承，从动齿轮在输出轴上空转。选择五挡时拨叉推动同步器啮合套向右移动，啮合套推动同步环向右移动并与五挡齿轮锥面接触产生摩擦,待同步环和五挡齿轮的转速相同,此时五挡齿轮和同步环与啮合套相对静止,这时拨叉继续推动啮合套向右移动,啮合套将同步环与五挡从动齿轮啮合在一起,动力通过同步器齿毂花键传递给输出轴,故为超速挡,其动力传动路线如图2-55所示。

7) 倒挡动力传动路线

就变速器而言,为了使汽车实现倒挡就需要向输出轴方向旋转,为此在变速器输出轴与中间轴之间增设了一个倒挡轴和一个倒挡中间齿轮即倒挡惰轮。倒挡惰轮空套在倒挡轴上,并可在操纵机构的作用下滑动。变速器挂倒挡时,汽车必须处于静止状态,此时变速器不输出动力。拨叉推动倒挡惰轮与倒挡主动齿轮啮合,发动机动力经过与中间轴制为一体的倒挡主动齿轮传给倒挡惰轮,惰轮再将动力传给主动齿轮,然后经与输出轴用花键配合的一、二挡同步器齿毂将动力传递给输出轴,实现汽车倒挡,其动力传动路线如图2-56所示。

图 2-55 五挡动力传动路线

图 2-56 倒挡动力传动路线

四、同步器

同步器的功能是使接合套与待啮合的齿圈迅速同步,缩短换挡时间;且防止在同步前啮合而产生换挡冲击。

同步器包括常压式、惯性式、自行增力式等类型,目前所采用的同步器几乎都是摩擦式惯性同步器,它是依靠摩擦作用来实现同步的。根据锁止机构不同,常用的有锁环式惯性同步器和锁销式惯性同步器两种。

1. 锁环式惯性同步器

如图2-57所示,在锁环式惯性同步器上,花键毂套装入输出轴后,用卡环轴向定位。在花键毂与接合齿圈之间,各设一个铜合金制锁环(又叫同步环),锁环上开有断续的短花键齿圈,花键齿断面轮廓尺寸与齿圈花键毂上的外花键齿均相同。锁环上的花键齿面对着接合套的一端有锁止倒角(称锁止角),且与接合套齿端的锁止倒角相同。锁环具有与齿圈上的锥形摩擦面锥度相同的内锥面,锥面上制出细牙的螺旋槽,以使锥面接触后破坏油膜,增加锥面间的摩擦。三个滑块分别嵌合在花键毂的三个轴向槽内,可沿槽做轴向滑动。三个定位销分别插入三个滑块的通孔。在弹性挡圈的作用下,定位销压向接合套,使定位销端部的球面正好嵌在接合套中部的凹槽中，起到空挡定位作用，同时可以向滑块传递接合套上的轴向推力。滑块的端部伸入锁环的三个缺口中，以其与锁环相接触的端面传递接合套的轴向换挡推力，使它的锥形内摩擦面与待接合齿轮相接触，产生同步作用。锁环的三个凸缘分别插入花键毂的三个通槽中，只有当凸缘位于通槽的中央时，接合套的内花键齿才可能穿过锁环的外花键齿与接合齿圈接合，这样即可实现挡位的变换。

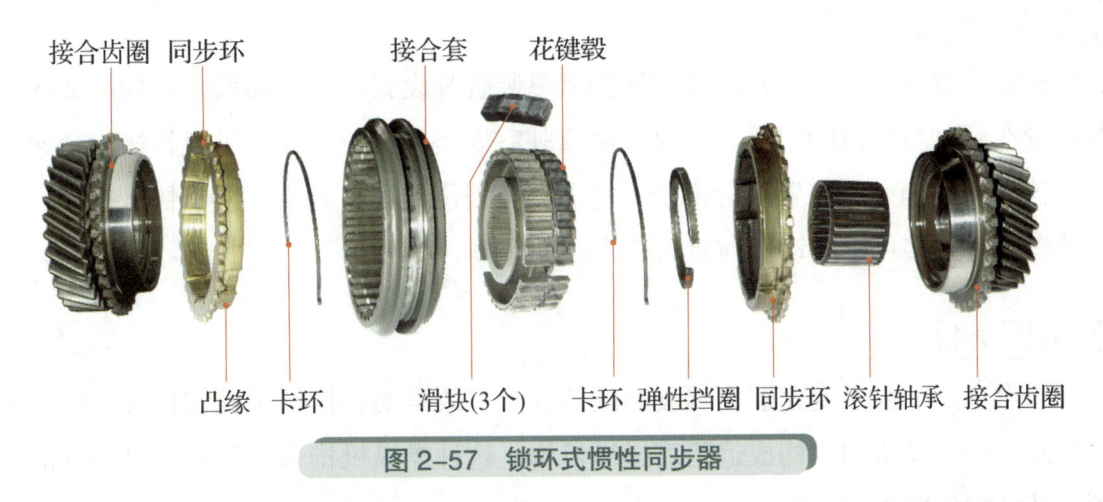

图 2-57 锁环式惯性同步器

锁环式惯性同步器结构紧凑，锥面间摩擦力矩较小，所以多用于传递转矩不大的轿车和轻型货车的变速器中。

2. 锁销式惯性同步器

如图 2-58 所示，锁销式惯性同步器在结构上允许采用直径较大的摩擦锥面，因此可产生较大的摩擦力矩，缩短了同步时间。当变速器第二轴上的常啮合齿轮及其接合齿圈直径较大时，装用锁销式惯性同步器将使齿轮的结构形式更加合理。大、中型货车普遍采用锁销式惯性同步器。锁销式惯性同步器的工作过程与锁环式惯性同步器类似。

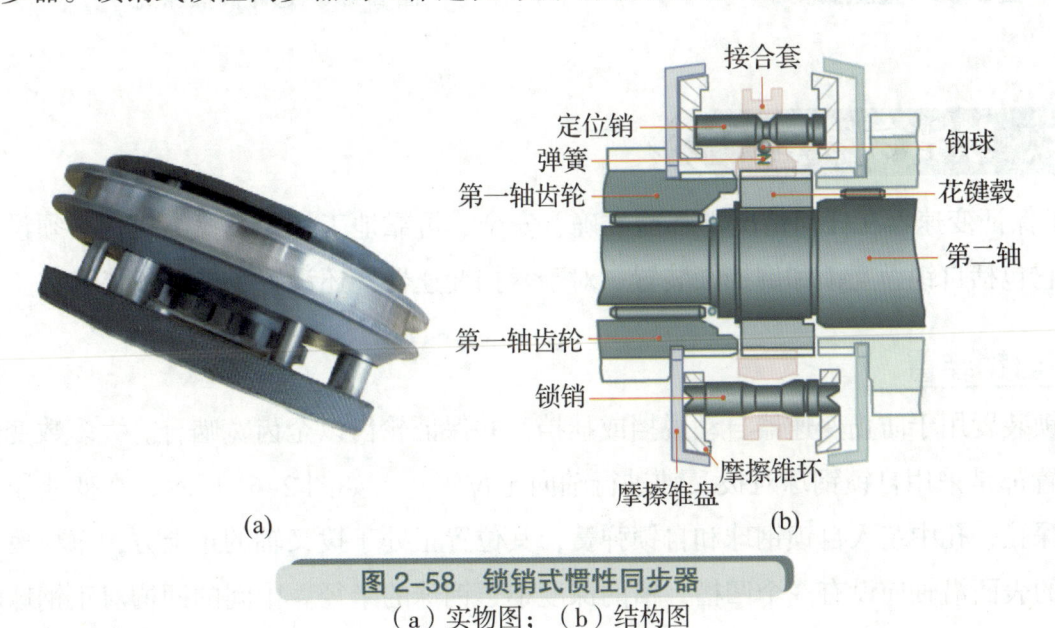

图 2-58 锁销式惯性同步器
（a）实物图；（b）结构图

五、变速器操纵机构

变速器操纵机构按照变速器操纵杆（换挡手柄）位置的不同，可分为直接操纵式和远距离操纵式两种类型。

1. 直接操纵式

直接操纵式变速器的变速杆及其他换挡操纵装置都设置在变速器盖上，如图 2-59 所示，变速器布置在驾驶员座位的附近，变速杆由驾驶室底板伸出，驾驶员可直接操纵变速杆来拨动变速器盖内的换挡操纵装置进行换挡。它具有换挡位置容易确定、换挡快、换挡平稳等优点。这种操纵方式多用于发动机前置后轮驱动的车辆。

2. 远距离操纵式

在有的汽车上，由于变速器离驾驶员座位较远，故需要在换挡手柄与拨叉之间加装一些辅助杠杆或一套传动机构，构成远距离操纵机构。这种操纵机构多用于发动机前置前轮驱动的车辆。其结构如图 2-60 所示。

图 2-59 直接操纵式

图 2-60 远距离操纵式

六、换挡锁装置

为了保证变速器在任何情况下都能准确、安全、可靠地工作，其操纵机构必须设置安全装置。它包括自锁、互锁和倒挡锁装置。对于六挡变速器，还设置了选挡锁装置。

1. 自锁装置

自锁装置用于防止变速器自动脱挡或挂挡，并保证轮齿以全齿宽啮合。大多数变速器的自锁装置都是采用自锁钢球对拨叉轴进行轴向定位锁止。如图 2-61 所示，在变速器盖中钻有 3 个深孔，孔中装入自锁钢球和自锁弹簧，其位置正处于拨叉轴的正上方，每根拨叉轴对着钢球的表面沿轴向设有 3 个凹槽，槽的深度小于钢球的半径。中间的凹槽对正钢球时为空挡位置，前边或后边的凹槽对准钢球时则处于某一工作挡位置，相邻凹槽之间的距离保证齿轮处于全齿长啮合或是完全退出啮合。凹槽对正钢球时，钢球便在自锁弹簧的压力作用下嵌入该凹槽内，拨叉轴的轴向位置便被固定，不能自行挂挡或自行脱挡。当需要换挡时，驾驶员通过变速杆对拨叉轴施加一定的轴向力，克服自锁弹簧的压力而将自锁钢球从拨叉轴凹槽中挤出并推回孔中，拨叉轴便可滑过钢球进行轴向移动，并带动拨叉及相应的接合套或滑动齿轮轴向移动，当拨叉轴移至其另一凹槽与钢球相对正时，钢球又被压入凹槽，此时拨叉所带动的接合套或滑动齿轮便被拨入空挡或被拨入另一工作挡位。

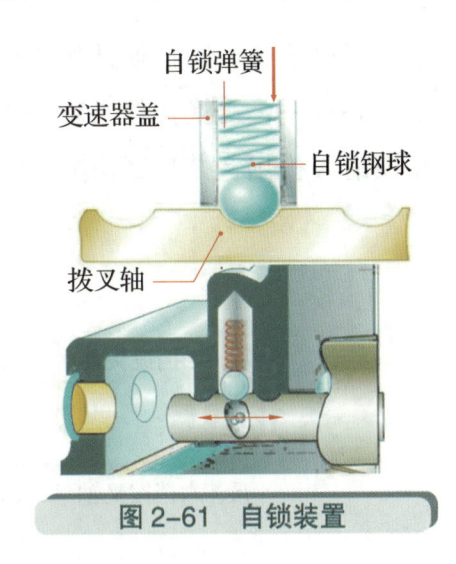

图 2-61 自锁装置

2. 互锁装置

互锁装置有钢球式、锁销式和钳口式，汽车上应用最广泛的是钢球式互锁装置。

当变速器处于空挡时，所有拨叉轴的侧面凹槽同互锁钢球、互锁销都在一条直线上。如图 2-62 所示。

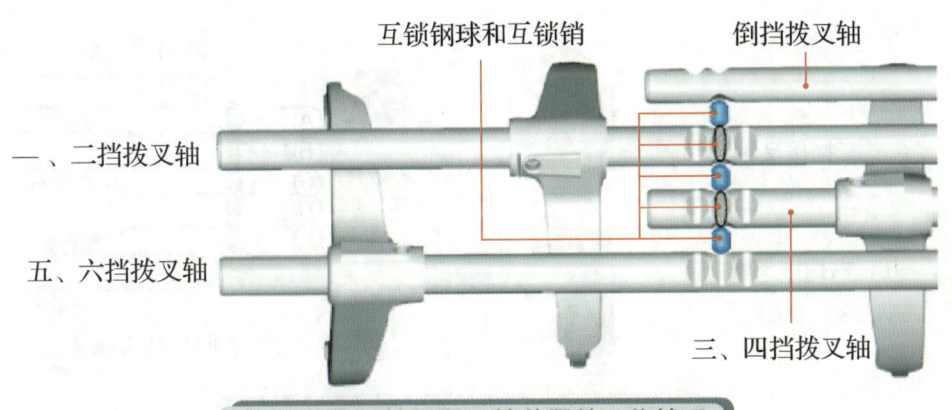

图 2-62 空挡位置互锁装置的工作情况

当移动一、二挡换挡拨叉轴挂一挡时，迫使一、二换挡拨叉轴槽中的互锁销 A 和 C 移出，并且倒挡拨叉轴和三、四换挡拨叉轴被锁定。此外，互锁销 C 通过互锁销 D 将互锁销 E 推出，并且五、六换挡拨叉轴被锁定。如图 2-63 所示。

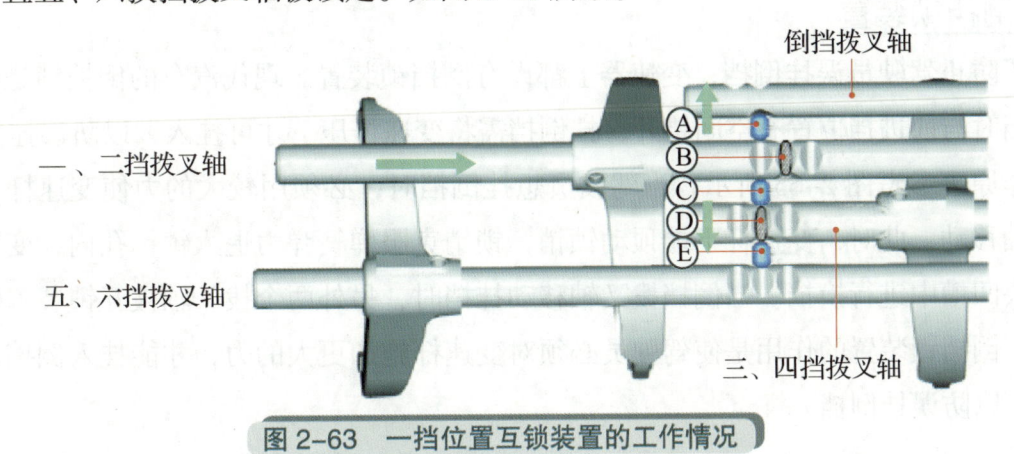

图 2-63 一挡位置互锁装置的工作情况

当移动三、四挡换挡拨叉轴挂三挡时，迫使三、四换挡拨叉轴槽中的互锁销 C 和 E 移出，并且一、二换挡拨叉轴和五、六换挡拨叉轴被锁定。另外，互锁销 C 通过互锁销 B 将互锁销 A 推出，并且倒挡拨叉轴被锁定。如图 2-64 所示。

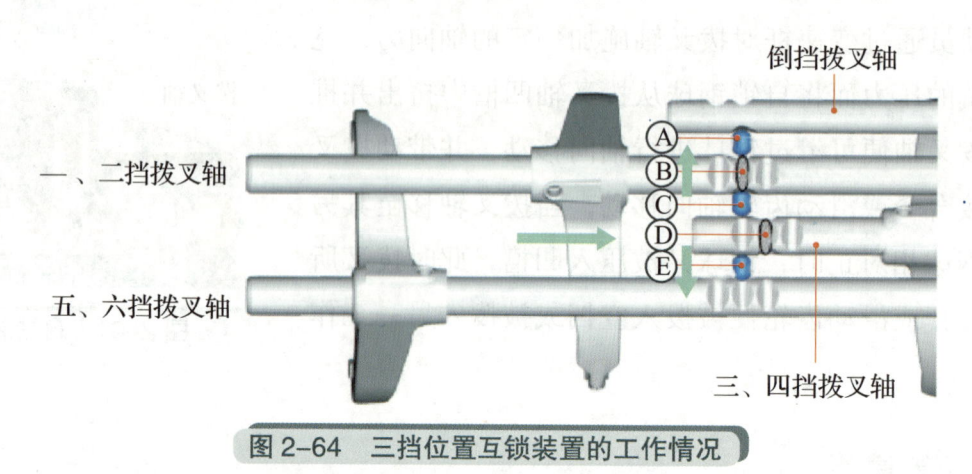

图 2-64 三挡位置互锁装置的工作情况

当移动倒挡换挡拨叉轴挂倒挡时，迫使联锁销 A 从倒挡拨叉轴槽中移出，并且一、二换挡拨叉轴被锁定。另外，互锁销 A 通过互锁销 B 和 D 强制互锁销 C 和 E，并且三、四换挡拨叉轴和五、六换挡拨叉轴被锁定。如图 2-65 所示。

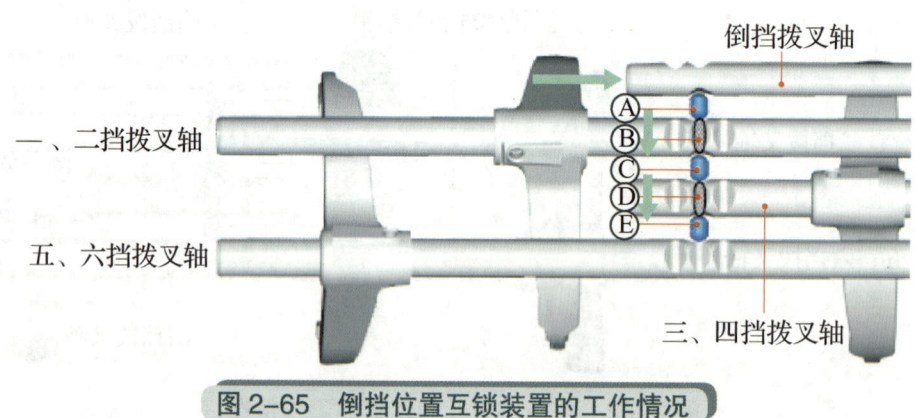

图 2-65 倒挡位置互锁装置的工作情况

由此可知，互锁装置工作的机理是当驾驶员用变速杆推动某一拨叉轴时，自动锁止其余拨叉轴，从而防止同时挂上两个挡位。

3. 倒挡锁装置

为了防止驾驶员误挂倒挡，变速器上都设有倒挡锁装置。现代汽车的倒挡锁是采用变速杆在倒挡时与前进挡位置有空间错开，挂倒挡需将变速杆压下才可挂入，以防误挂倒挡。

工作原理参考图 2-65 所示，当驾驶员想挂倒挡时，必须用较大的力使变速杆下端向倒挡拨叉轴移动，此时，变速杆下端顶动锁销，锁销克服弹簧弹力退入锁销孔内，变速杆下端进入拨块凹槽中进行换挡。当倒挡拨叉轴移动挂挡时，另外两个拨叉轴被互锁装置锁止。由此可见，倒挡锁装置的作用是使驾驶员必须对变速杆施加更大的力，才能挂入倒挡，起到警示作用，以防误挂倒挡。

相关技能

1. 实训内容

手动变速器输出轴组件的检修。

2. 准备工作

（1）二轴式手动变速器一台。

（2）拆装工具一套。

（3）千分尺、塞尺（厚薄规）、游标卡尺、V形铁、磁力表座、百分表各一套。

3. 注意事项

（1）明确操作规范和职责范围，预防潜在危险。

（2）实践操作过程中保持场地卫生及安全，不嬉戏打闹。

（3）在使用举升机的过程中应将保险设置好后再开始工作。

（4）使用维修手册时，要注意避免破损，手册与使用车型相对应。

4. 操作步骤

1）手动变速器的拆装

下面以奇瑞系列轿车为例来讲解二轴式手动变速器的拆装过程。

（1）拆卸变速器放油螺栓，然后放出变速器油。

（2）拧松分离轴承紧固螺栓，取下分离轴承，如图2-66所示。

（3）拆卸变速器后盖紧固螺栓，取下后盖，如图2-67所示。

（4）使用销冲冲出五挡拨叉与拨叉轴固定销，如图2-68所示。

图2-66 拆卸分离轴承

图2-67 拆卸变速器后盖紧固螺栓

图2-68 冲出五挡拨叉与拨叉轴固定销

（5）拆卸五挡从动齿轮紧固螺母、主动齿轮螺母，如图2-69所示。

图2-69 拆卸五挡主、从动齿轮螺母
（a）五挡从动齿轮螺母；（b）五挡主动齿轮螺母

（6）取出五挡拨叉、主动齿轮，用拉码器拉出五挡从动齿轮，如图2-70所示。

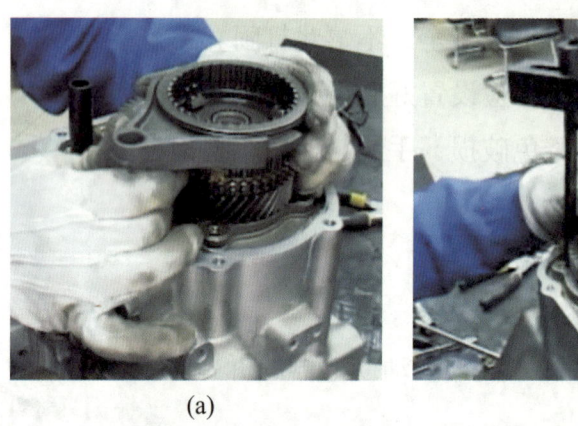

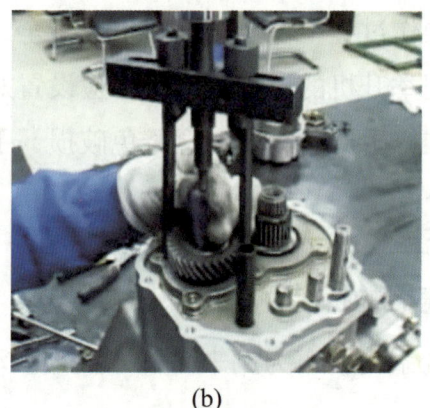

图2-70 取出五挡拨叉、主动齿轮、从动齿轮
（a）取出五挡拨叉及主动齿轮；（b）拉出五挡从动齿轮

（7）用六角套筒拆卸轴承挡板螺栓，取下轴承挡板，如图2-71所示。

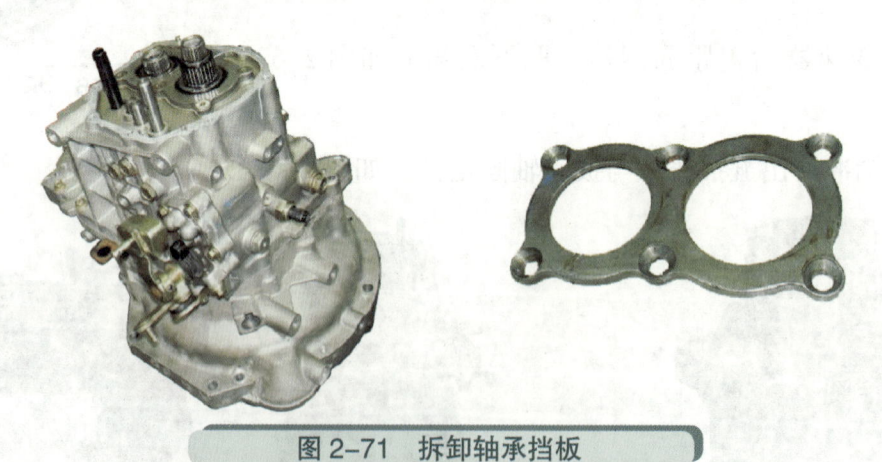

图2-71 拆卸轴承挡板

（8）用卡钳取出输出轴后轴承调整垫片和输入轴后轴承调整垫片，如图2-72所示。

（9）拆卸定位座换挡指和倒车开关，如图2-73所示。

（10）拆卸操纵机构紧固螺栓，取下操纵机构总成，如图2-74所示。

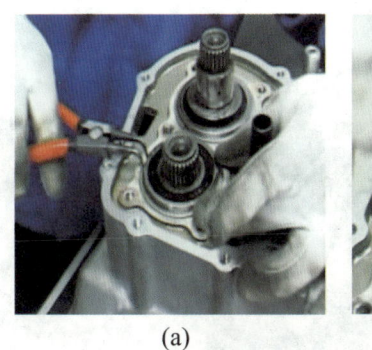

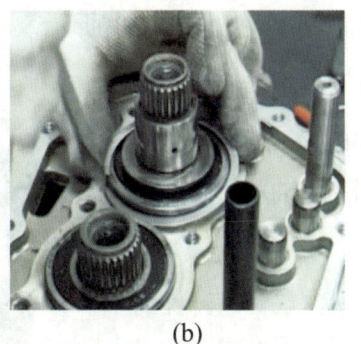

项目二 传动系统的检修

(a)   (b)

图 2-72 拆卸输出轴后轴承和输入轴后轴承调整垫片
（a）输出轴后轴承调整垫片；（b）输入轴后轴承调整垫片

定位座换挡指 —— 惰轮轴螺钉
倒车开关

图 2-73 拆卸定位座换挡指和倒车开关

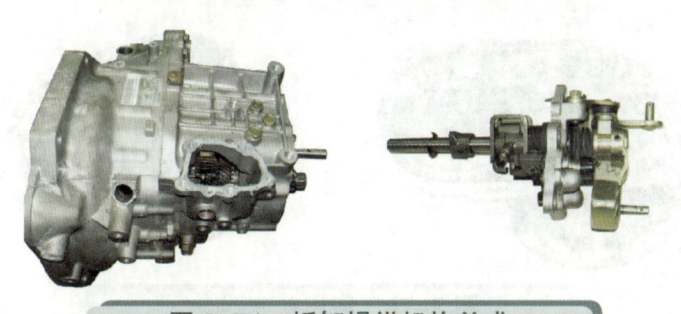

图 2-74 拆卸操纵机构总成

（11）拆卸五挡拨叉轴定位座；三、四挡拨叉轴定位座；一、二挡拨叉轴定位座，如图 2-75 所示。

一、二挡拨叉轴定位座 —— 三、四挡拨叉轴定位座
五挡拨叉轴定位座

图 2-75 拆卸一、二、三、四、五挡拨叉轴定位座

37

（12）拧出惰轮轴螺钉，如图2-73所示。

（13）拆卸变速器壳体紧固螺栓，取下变速器壳体，如图2-76所示。

（14）拧出倒挡拨叉轴机构总成螺栓，取下倒挡拨叉。

（15）依次拆卸一、二、三、四挡拨叉轴，并将输入轴、输出轴一起取出，如图2-77所示。

图2-76 拆卸变速器壳体紧固螺栓，取下变速器壳体

图2-77 取出输入轴、输出轴及各挡位拨叉轴

（16）取出差速器，如图2-78所示。

图2-78 取出差速器

（17）变速器的装配与拆卸步骤相反，这里不详细阐述。

2）齿轮的检测

查阅维修手册，检测各齿轮的磨损情况，如图2-79所示。将检查结果填入表2-4。

图2-79 齿轮的检测部位

项目二 传动系统的检修

表2-4 齿轮的测量结果

部 位	规定值/mm		极限值/mm	
	齿轮的内径1	齿宽6	齿轮的内径1	齿宽6
挡齿轮（输出）1				
挡齿轮（输出）2				
花键部位锥面3	检查这些部位是否间隙过大、损坏或棱角变圆			
齿轮部分4				
齿轮两端面5				
与齿套结合部位6				

3）输出轴的检测

查阅维修手册，检测输出轴跳动和外径（只测一处），如图2-80所示，并将测量结果填入表2-5。

(a)　　　　　　　　　　　(b)

图2-80 输出轴跳动和外径的测量
（a）输出轴外径；（b）输出轴跳动

表2-5 输出轴跳动和外径的测量结果

检测项目	标准值/mm	测量值/mm
输出轴外径		
输出轴跳动		

4）同步器的检测

（1）测量接合齿圈与同步器锁环之间的间隙，如图2-81所示，并将测量结果填入表2-6。

（2）检查同步器锁环的工作情况。

同步器锁环在齿轮锥面上的运转情况：_____。

图2-81 测量接合齿圈与同步器锁环之间的间隙

（标注：同步器锁环、接合齿圈、塞尺）

表 2-6　接合齿圈与同步器锁环之间的间隙的测量结果

检测项目	标准值 /mm	测量值 /mm
接合齿圈与同步器锁环之间的间隙		

5）接合套及换挡拨叉的检查

查阅维修手册，测量接合套与换挡拨叉之间的间隙，如图 2-82 所示，并将测量结果填入表 2-7。

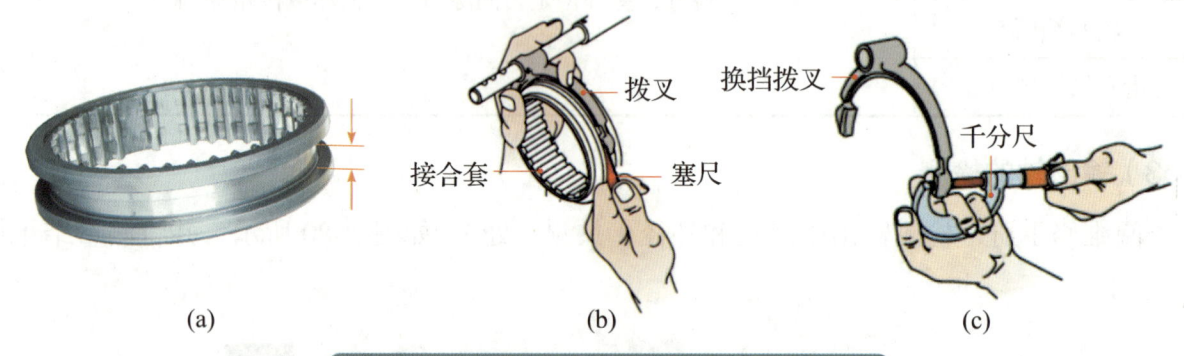

图 2-82　测量接合套及换挡拨叉之间的间隙
（a）接合套槽宽；（b）接合套与换挡拨叉之间的间隙；（c）换挡拨叉厚度

表 2-7　接合套与换挡拨叉之间的间隙的测量结果

检测项目	标准值 /mm	测量值 /mm
接合套槽宽	—	
换挡拨叉厚度	—	
接合套与换挡拨叉之间的间隙		

5. 技能总结

任务三　自动变速器的检修

任务目标

完成本学习任务后，学生在基础知识和基本技能方面应达到以下要求。

知识目标

（1）了解自动变速器的分类。

（2）掌握液力变矩器的工作原理。

（3）掌握换挡执行元件的工作原理。

能力目标

（1）会分析拉维娜式行星齿轮变速器的工作原理。

（2）会分析辛普森式行星齿轮变速器的工作原理。

（3）会检测液力变速器及油泵。

任务引入

现代的汽车中，自动变速器凭借其连续变扭、自动变速、换挡平稳、操纵轻便等优点，得到了越来越广泛的应用。但是如果不正确使用自动变速器，可能会导致故障的出现。因而，必须充分掌握自动变速器的结构原理以及检修技术。

相关知识

一、自动变速器的分类

1. 按自动变速器前进挡的挡位数分类

按自动变速器前进挡的挡位数，自动变速器分为四挡、五挡、六挡等，目前比较常见的是四挡和五挡自动变速器，在某些高级轿车如宝马7系、奥迪A8等采用六挡自动变速器。

2. 按车辆的驱动方式分类

按车辆的驱动方式不同，自动变速器分为自动变速器和自动变速驱动桥。

自动变速器用于发动机前置、后轮驱动的布置形式，变速器与主减速器、差速器分开，而自动变速器驱动桥用于发动机前置、前轮驱动的布置形式，变速器与主减速器、差速器制成一个总成。

3. 按结构和控制方式分类

按结构和控制方式不同，自动变速器分为机械式自动变速器（简称AMT）、无极式自动变速器（简称CVT）和液力式自动变速器（简称AT）。

1）机械式自动变速器

机械式自动变速器是在传统固定轴式变速器和干式离合器的基础上，应用电子技术和自动变速理论来实现机电一体化协调控制的。车辆起步、换挡的自动操纵是以电控单元（ECU）为核心，通过液压或气压执行机构来控制离合器的分离与接合、选换挡操作以及发动机节气门的调节的。ECU根据车辆的运行状况（发动机转速、变速器输入轴转速、车速）、驾驶员意图（油门开度、制动踏板行程）和道路路面状况（坡道、弯道）等因素，按预先设定的由模拟熟练驾驶员的驾驶规律（换挡规律、离合器接合规律），借助于相应的执行机构（发动机油门控制执行机构、离合器执行机构、变速器换挡执行机构），对发动机、离合器、变速器的协调动作进行自动操纵。

2）无级式自动变速器

机械式无级变速器种类很多，有实用价值的仅有V形金属带式。金属带式无级变速器属摩擦式无级变速器，其传动与变速的关键件是具有V形槽的主动锥轮、从动锥轮和金属带，金属带安装在主动锥轮和从动锥轮的V形槽内。每个锥轮由一个固定锥盘和一个能沿轴向移动的可动锥盘组成，来自液压系统的压力分别作用到主、从动锥轮的可动锥盘上，通过改变作用到主、从动锥轮可动锥盘上液压力的大小，便可使主、从动锥轮传递扭矩的节圆半径连续发生变化，从而达到无级改变传动比的目的。机械式无级自动变速器传动比连续，传递动力平稳，操纵方便，同时因加速时无须切断动力，因此汽车乘坐舒适，超车加速性能及燃油经济性好。

3）液力式自动变速器

液力式自动变速器的基本结构是由液力变矩器与动力换挡辅助变速装置组成。液力变矩器安装在发动机和变速器之间，以液压油为工作介质，起传递转矩、变矩、变速及离合的作用。

液力变矩器可在一定范围内自动无级地改变转矩比和传动比，以适应行驶阻力的变化。但是由于液力变矩器变矩系数小，不能完全满足汽车使用的要求，因此它必须与齿轮变速器组合使用，扩大传动比的变化范围。目前，绝大多数液力自动变速器都采用行星齿轮系统作为辅助变速器。行星齿轮系统主要由行星齿轮机构和执行机构组成，通过改变动力传递路线得到不同的传动比。由此可见，液力自动变速器实际上是能实现局部无级变速的有级变速器。本任务主要以液力式自动变速器来讲解自动变速器的检修过程。

二、自动变速器的组成

1. 液力变矩器

液力变矩器利用油液循环流动过程中动能的变化将发动机的动力传递到自动变速器的输入轴，并根据汽车行驶阻力的变化，在一定范围内自动、无级地改变传动比和转矩比，具有一定的减速增矩功能。

2. 变速齿轮机构

自动变速器中的变速齿轮机构所采用的形式有普通齿轮式和行星齿轮式两种。变速齿轮机构主要包括行星齿轮机构和换挡执行机构两部分。

3. 供油系统

自动变速器的供油系统主要由燃油泵、燃油箱、滤清器、调压阀及管道所组成。

4. 自动换挡控制系统

自动换挡控制系统能根据发动机的负荷（节气门开度）和汽车的行驶速度，按照设定的换挡规律，自动地接通或切断某些换挡离合器和制动器的供油油路，使离合器接合或分开、制动器制动或释放，以改变齿轮变速器的传动化，从而实现自动换挡。自动变速器的自动换挡控制系统有液压控制和电控液压控制两种。

5. 换挡操纵机构

自动变速器换挡操纵机构主要由变速杆或换挡按钮、控制面板、控制拉索等元件组成。换挡操纵机构主要是为了让驾驶员通过换挡手柄或换挡按钮进行不同挡位的选择，最终使车辆前进、停止或倒退。驾驶员在选择挡位时，通过按钮或换挡手柄，使用连杆机构或钢索与液压操纵系统控制元件手控阀和为电子控制系统提供换挡手柄位置信息的挡位信息指示开关连接，操纵手控阀和挡位信息指示开关为液压系统和电子控制系统操供操纵信号。对于自动变速器来说，操纵手柄的挡位与自动变速器本身所处的挡位是两个完全不同的概念。实际上，操纵手柄只改变自动变速器阀板总成中手动阀的位置，相当于只控制空挡、前进挡和倒挡。而自动变速器本身的挡位则是由换挡执行机构的动作决定的。它除了取决于手动阀的位置外，还取决于汽车的车速、节气门开度等因素。

三、液力变矩器的功用、组成及工作原理

1. 液力变矩器的功用

液力变矩器位于发动机和机械变速器之间，以自动变速器油（ATF 油）为工作介质，主要完成以下功用：

1）传递转矩

发动机的转矩通过液力变矩器的主动元件，再通过 ATF 传给液力变矩器的从动元件，最后传给变速器。

2）无级变速

根据工况的不同，液力变矩器可以在一定范围内实现转速和转矩的无级变化。

3）自动离合

液力变矩器由于采用 ATF 传递动力，当踩下制动踏板时，发动机也不会熄火，此时相当于离合器分离；当抬起制动踏板时，汽车可以起步，此时相当于离合器接合。

4）驱动油泵

ATF 在工作的时候需要油泵提供一定的压力，而油泵一般是由液力变矩器壳体驱动的。同时由于采用 ATF 传递动力，液力变矩器的动力传递柔和，且能防止传动系统过载。

2. 液力变矩器的组成

液力变矩器通常由泵轮、涡轮和导轮三个元件组成，称为三元件液力变矩器，如图 2-83 所示。

在液力偶合器的基础上，增设导轮。导轮介于泵轮和涡轮之间，通过单向离合器，单向固定在输出轴上，单向离合器使导轮可以顺时针方向转动，而不能逆时针方向转动。泵轮与壳连成一体为主动元件；涡轮悬浮在变矩器内与从动轴相连。

1）泵轮

泵轮在变矩器壳体内，许多曲面叶片径向安装在内。在叶片的内缘上安装有导环，提供一通道使 ATF 油流动畅通，如图 2-84 所示。变矩器通过驱动端盖与曲轴连接。当发动机运转时，将带动泵轮一同旋转，泵轮内的 ATF 油依靠离心力向外冲出。发动机转速升高时泵轮

图 2-83 液力变矩器的组成

产生的离心力也随着升高，由泵轮向外喷射的 ATF 油的速度也随着升高。

2）涡轮

涡轮同样也是有许多曲面叶片的圆盘，其叶片的曲线方向不同于泵轮的叶片，如图 2-85 所示。涡轮通过花键与变速器的输入轴相啮合，涡轮的叶片与泵轮的叶片相对而设，相互间保持非常小的间隙。

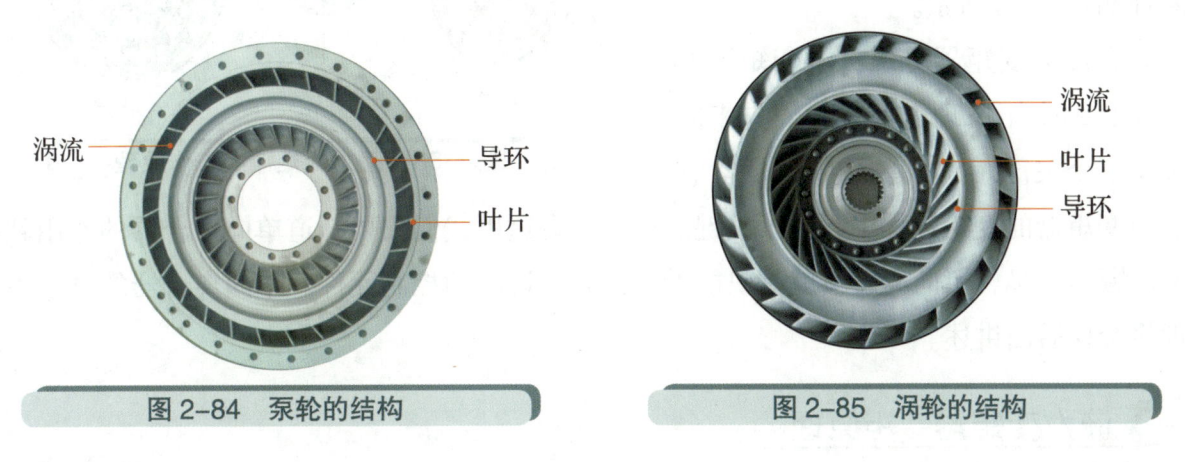

图 2-84　泵轮的结构

图 2-85　涡轮的结构

3）导轮

导轮是有叶片的小圆盘，如图 2-86 所示，位于泵轮和涡轮之间。它安装于导轮轴上，通过单向离合器固定于变速器壳体上。导轮上的单向离合器可以锁住导轮以防止反向转动。这样，导轮根据工作液冲击叶片的方向进行旋转或锁住。

导轮的作用：在汽车起步和低速行驶时，增大变速器输入的扭矩。

4）单向离合器

单向离合器的外圈与导轮叶片固定连接在一起，如图 2-87 所示，内圈用花键与变速器壳体上的导轮轴连接，而导轮轴与变速器机油泵盖连接。因为机油泵盖固定在变速器壳体上，所以单向离合器内圈不能转动。

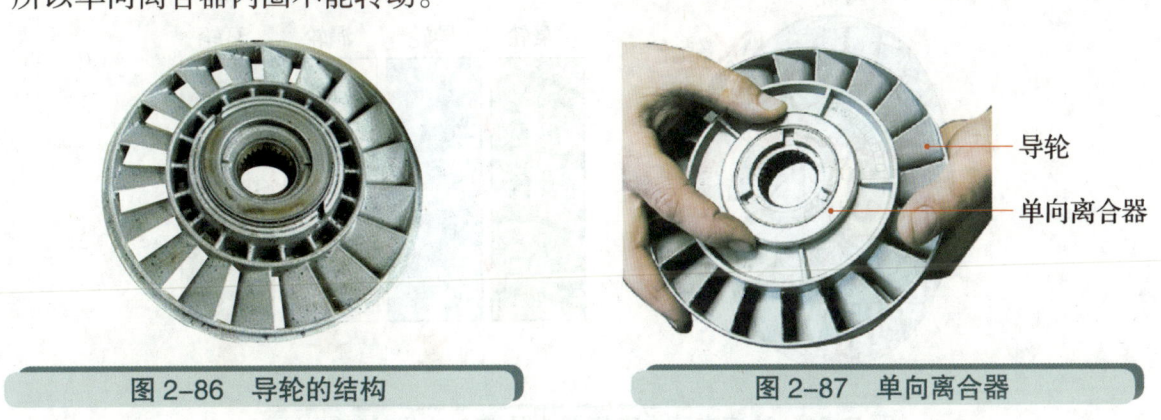

图 2-86　导轮的结构

图 2-87　单向离合器

3. 液力变矩器工作原理

液力变矩器转换能量、传递动力原理与液力耦合器相同（详见液力耦合器工作原理）。液力变矩器与液力耦合器根本区别就在于液力变矩器增加了一个导轮。正是由于增加一个导

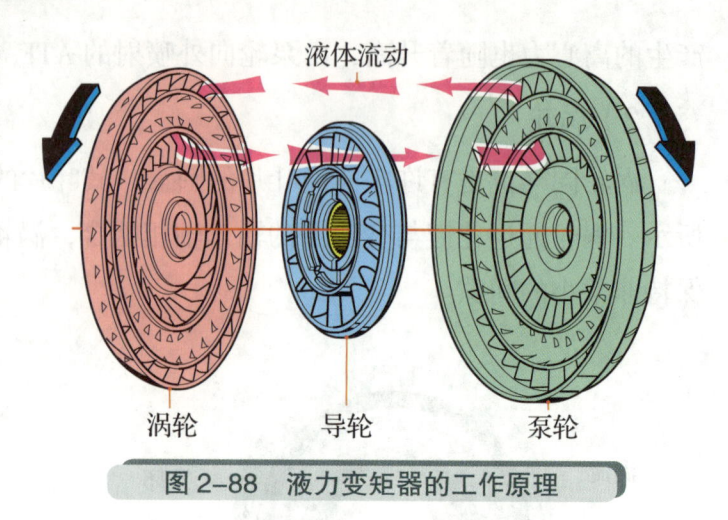

轮，在液体循环流动的过程在一定条件下导轮可以改变液体的流向，这就等于给涡轮增加了一个反作用力矩，从而使涡轮输出转矩不同于泵轮输入转矩，起到了"变矩"的作用。液力变矩器的工作原理如图2-88所示。

究竟液力变矩器是怎么"变矩"的呢？在介绍变矩原理之前，我们先来简单了解一个关键元件（单向离合器）。它在液力变矩器的变矩过程中起到了关键的作用。在这里我们只要知道单向离合器的作用就可以了。顾名思义，单向离合器就是只能沿一个方向运动的控制元件。单向离合器的具体工作原理将会在后面讲述。

图2-88 液力变矩器的工作原理

4. 液力变矩器变矩原理

在耦合器工作时，工作液体从泵轮流向涡轮，涡轮出来之后再流向泵轮。工作液体从涡轮出来时的作用方向与泵轮的运动方向相反，有阻碍泵轮正常的旋转的趋势，即泵轮的运动受到涡轮回油的阻碍，这是液力耦合器的最大缺点，也是它不能增大扭矩的原因。

液力变矩器中增加了导轮，工作油液从涡轮出来流向导轮，再到泵轮。

车辆未起步时或重载低速时，涡轮不动，泵轮开始转动，油液在导轮叶片作用下流动方向会改变。当油液再流到泵轮时，流向与泵轮的运动方向相同。由于受到单向离合器的约束，导轮静止不动。这样也就增强了泵轮的旋转力矩，进而增加了涡轮的扭矩，如图2-89所示。

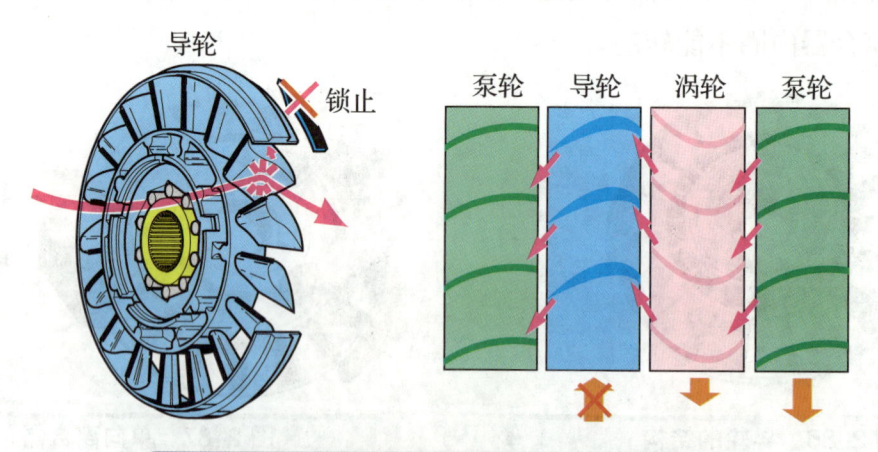

图2-89 油液在液力变矩器中的流向（导轮锁止）

随着涡轮转速逐渐升高，即涡轮的牵连速度逐渐增加时，使得从涡轮流入导轮的油液方向有所变化。在涡轮转动产生的离心力的作用下，油液不再直接射向导轮，而是越过导轮直接回到泵轮，因此失去了增扭作用。此时的液力变矩器变成了液力耦合器，如图2-90所示。

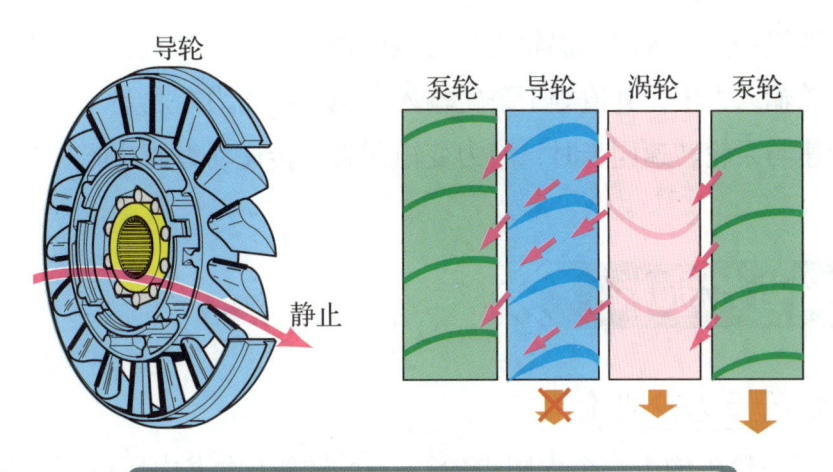

图 2-90 油液在液力变矩器中的流向（导轮不动）

涡轮转速继续增加，从涡轮流入导轮的油液冲击到背面，导轮在油液冲击力的作用下开始转动，方向与涡轮和泵轮的一致，如图 2-91 所示。

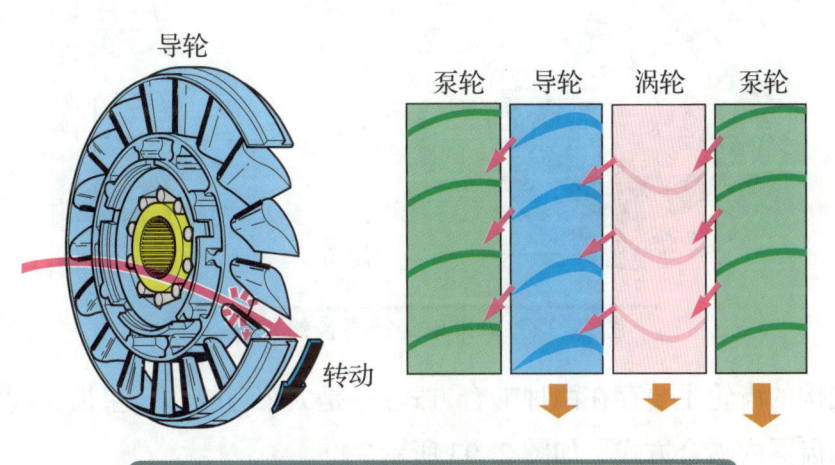

图 2-91 油液在液力变矩器中的流向（导轮转动）

当涡轮转数增大至与泵轮转速相等时，油液在循环圆中循环流动停止，液力变矩器失去传递动力的能力。

综上所述：

（1）液力变矩器导轮是变矩关键元件。

（2）与液力耦合器一样，液力变矩器中油液工作时同时绕工作轮轴线做旋转运动和沿循环圆的轴面做循环旋转运动。油液循环的流向为先经泵轮，再经涡轮和导轮，最后又回到泵轮的顺序，如此反复循环。

（3）液力变矩器变矩效率随涡轮转速变化而变化。

①当涡轮转速为零时，增矩值最大。涡轮输出转矩等于泵轮输入转矩与导轮反作用转矩之和。

②随着涡轮转速由零逐渐增大，增矩值随之逐渐减小。

③当涡轮转速达到某一值时，液力变矩器转化为液力耦合器，涡轮输出力矩等于泵轮输入力矩。

④当涡轮转速进一步增大时，涡轮出口处液流冲击导轮叶片背面，此时液力变矩器涡轮输出力矩小于泵轮输入力矩，其值等于泵轮输入力矩与导轮力矩之差。

⑤当涡轮转速与泵轮转速同步时，液力变矩器失去传递动力的功能。

四、行星齿轮机构

1. 单排单级行星齿轮机构

单排单级行星齿轮机构由一个太阳齿轮、一个齿圈（本书中所讲到的齿圈如无特别说明，均指内齿圈）和一个行星架构成，如图2-92所示。

图2-92 单排单级行星齿轮机构

行星齿轮机构的齿轮主要存在两种啮合方式：一是太阳齿轮和行星齿轮间的外啮合方式；二是行星齿轮和齿圈内啮合方式，如图2-93所示。

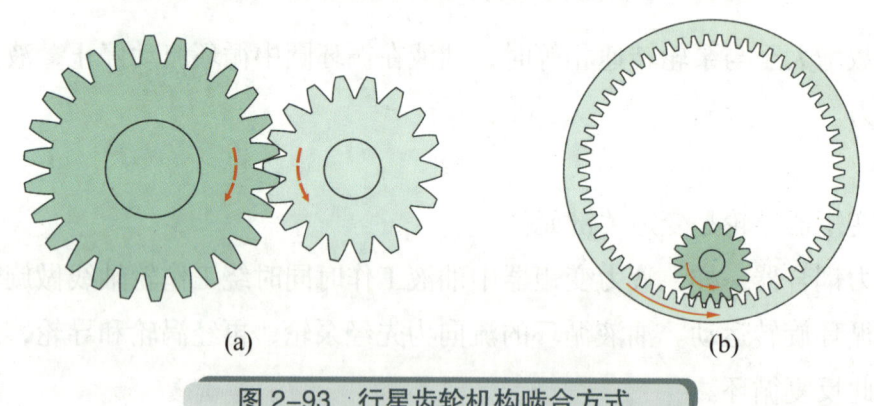

(a) (b)

图2-93 行星齿轮机构啮合方式
（a）外啮合；（b）内啮合

2. 运动方式与传动比

构成行星齿轮机构的太阳齿轮、行星架和齿圈三元件，可以绕同一传动轴心转动，亦可将其中任意一个元件锁定，另外两个中的任意一个为主动元件，剩下的一个为从动元件。

单排单级行星齿轮机构的运动遵守能量守恒定律，因此根据该定律可推导出单排单级行星齿轮机构的运动方程。这里不介绍运动方程的推导过程，直接给出方程。

$$n_{太}+\beta n_{圈}-(1+\beta)n_{架}=0$$

式中　$n_{太}$——太阳齿轮转速；

　　　$n_{架}$——行星架转速；

　　　$n_{圈}$——齿圈转速。

$$\beta=\frac{齿圈齿数（Z_{圈}）}{太阳齿轮齿数（Z_{太}）}$$

因为 $Z_{圈}>Z_{太}$，所以 $\beta>1$。

传动比计算公式：

$$传动比（\alpha）=\frac{从动齿轮齿数（Z_{从}）}{主动齿轮齿数（Z_{产}）}=\frac{主动齿轮转速（n_{主}）}{从动齿轮转速（n_{从}）}$$

由这个公式可以知道：当 $\alpha>1$ 时，主动齿轮转速高于从动齿轮，是减速增扭传动，也就是低速挡；当 $\alpha=1$ 时，主、从动齿轮转速一样，也就是直接挡；当 $\alpha<1$ 时，主动齿轮转速低于从动齿轮，也就是超速挡状态；当 $\alpha<0$ 时，主、从动齿轮的转动方向相反，也就是倒挡状态。

以下详细分析各挡位的原理：

（1）齿圈固定。

固定齿圈时，行星齿轮绕着太阳齿轮公转的同时也自转。在齿圈固定的情况下，存在两种传动方式：

①太阳齿轮主动，行星架从动。

当太阳齿轮按顺时针方向旋转时，行星齿轮则按逆时针方向旋转，并试图使内齿圈也按逆时针方向旋转，但因为齿圈正被锁定，故在齿圈作用力下行星架顺时针方向旋转，如图2-94（a）所示。

②行星架为主动，太阳齿轮为从动。

当行星架按顺时针方向旋转时，行星齿轮有带动内齿圈和太阳齿轮一起顺时针转动的趋势，因为齿圈已被固定，所以齿圈反作用于行星齿轮，使其逆时针转动，最终带动太阳齿轮按顺时针方向转动，如图2-94（b）所示。

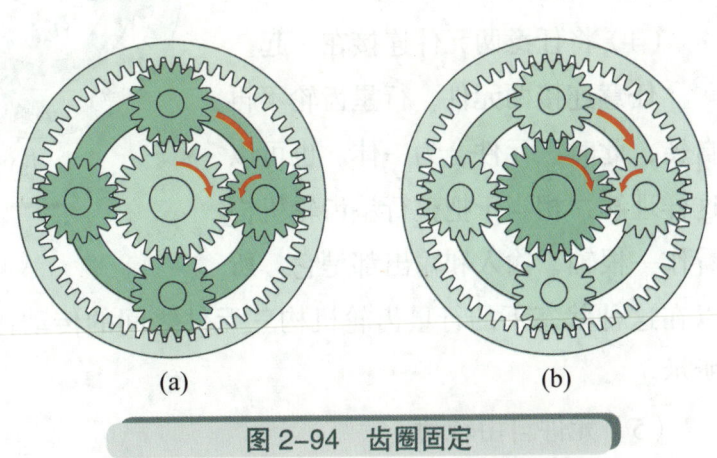

图2-94　齿圈固定
（a）太阳齿轮主动；（b）行星架主动

（2）固定太阳齿轮。

锁定太阳齿轮后，行星齿轮既使太阳齿轮公转同时也自转，并且公转与自转方向相同。与固定齿圈一样，固定太阳齿轮后，同样存在两种传动方式：

① 行星架主动、齿圈被动。

当行星架按顺时针方向旋转时，行星齿轮带动内齿圈和太阳齿轮一起顺时针转动，而太阳齿轮已固定，因此行星齿轮顺时针转动，且齿圈受到力的作用，按顺时针方向转动，如图2-95（a）所示。

② 齿圈主动，行星架被动。

齿圈顺时针方向转动，并带动行星齿轮一同顺时针方向转动，且有太阳齿轮逆时针方向转动的趋势，但太阳齿轮已固定，因此行星架受力，顺时针转动，如图2-95（b）所示。

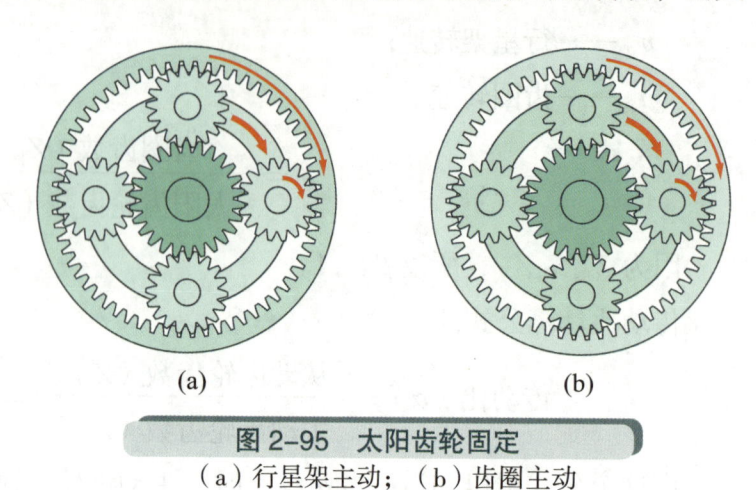

图2-95 太阳齿轮固定
（a）行星架主动；（b）齿圈主动

（3）固定行星架。

行星架固定时，行星齿轮只可自转而无公转，固定行星齿轮架也同样存在两种传动方式：

① 太阳齿轮为主动，齿圈为从动。

太阳齿轮按顺时针方向转动，由于行星齿轮架被锁定，行星齿轮逆时针转动，并带动内齿圈逆时针转动，如图2-96（a）所示。

② 齿圈为主动，太阳齿轮为从动。

当内齿圈按顺时针方向旋转时，因行星齿轮架锁定，行星齿轮按顺时针方向转动，并带动太阳齿轮逆时针方向旋转，如图2-96（b）所示。

（4）将任意两元件连接在一起。

任意连接两元件，行星齿轮不再自转，此时三元件合为一体。也可以这样理解，相当于把整行星齿轮机构看作一根轴，输入和输出都是它。所

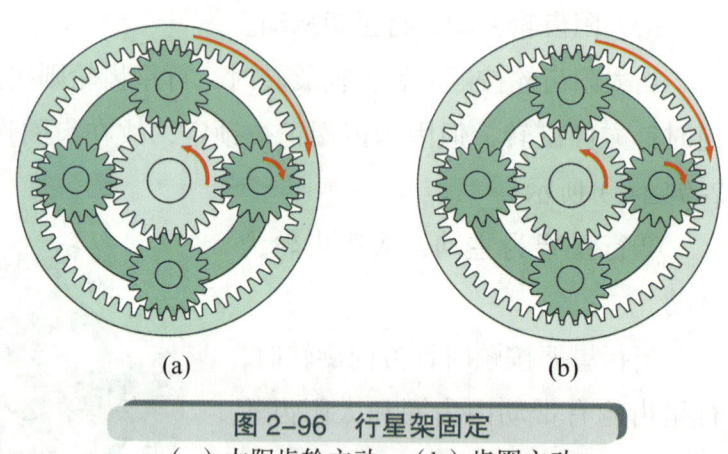

图2-96 行星架固定
（a）太阳齿轮主动；（b）齿圈主动

以在这种状态下的行星齿轮机构三元件之间的传动比均为1，即为直接挡传动，如图2-97所示。

（5）元件自由转动。

如果太阳齿轮、齿圈和行星架三元件不受任何约束，自由转动。这种工作状态即为空挡，如图2-98所示。

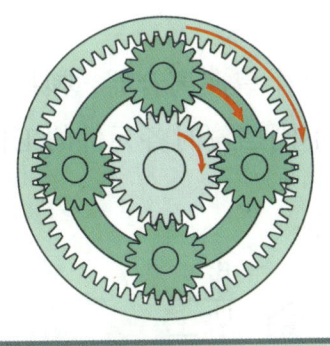

图 2-97 任意两元件一起传动　　　　图 2-98 空挡传动

综上，单排单级行星齿轮机构共有八种工作状态，详见表 2-8。

表 2-8 单排单级行星齿轮机构

方案	主动件	从动件	锁定件	传动比	说明
1	太阳齿轮	行星架	内齿圈	$1+\alpha$	减速减扭
2	内齿圈	行星架	太阳齿轮	$\dfrac{1+\alpha}{\alpha}$	
3	太阳齿轮	内齿圈	行星架	$-\alpha$	
4	行星架	内齿圈	太阳齿轮	$\dfrac{\alpha}{1+\alpha}$	增速减扭
5	行星架	太阳齿轮	内齿圈	$\dfrac{1}{1+\alpha}$	
6	内齿圈	太阳齿轮	行星架	$-\dfrac{1}{\alpha}$	
7	任意两个连成一体			1	直接传动
8	既无任一元件制动又无任二元件加成一体			三元件自由转动	不传递动力

五、行星齿轮机构在自动变速器上的应用

由以上对单排单级行星齿轮机构工作原理的分析可知，单排单级行星齿轮机构传动比范围不能满足汽车行驶时对不同速比（包括倒挡）的要求。所以，在实际应用中常常采用多个单排行星齿轮机构进行串、并联或混联主从动构件的方法来满足汽车行驶条件的需要。在自动变速器中常见的组合形式有辛普森式和拉维娜式两种。

1. 辛普森式动力传递机构

辛普森式行星齿轮机构是一种双排行星齿轮机构，其结构特点是：前后两个行星排的太阳齿轮连接为一个整体，称为共用太阳齿轮组件；前一个行星排的行星架和后一个行星排的齿轮连接为另一个整体，称为前行星架和后齿圈组件；输出轴通常与前行星架和后齿圈组件连接。这类布置方式多应用于后驱式汽车。

1）辛普森式 5 挡行星齿轮变速器的结构

A650E 自动变速器中共有 3 个离合器、5 个制动器和 3 个单向离合器，换挡执行元件的布置方式如图 2-99 所示，各执行元件的功能见表 2-9，不同挡位时各元件的工作状态见表 2-10。

图 2-99 辛普森式 5 挡行星齿轮变速器各元件的布置方式

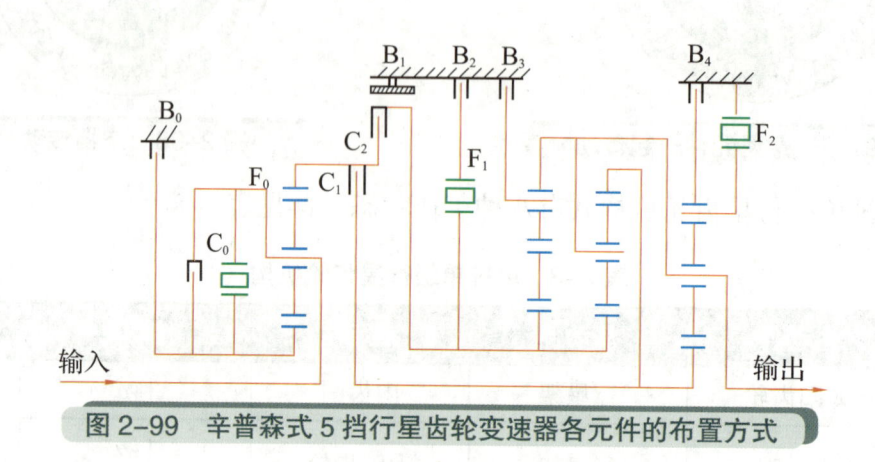

表 2-9 换挡执行元件的功能

换挡执行元件		功能
C_0	超速挡（O/D）直接离合器	连接超速挡（O/D）太阳齿轮和超速挡（O/D）行星架
C_1	前进挡离合器	连接中间轴与前行星排齿圈
C_2	直接离合器	连接输入轴和前排/中央共用太阳齿轮
B_0	超速挡（O/D）制动器	制动超速行星排太阳齿轮
B_1	3 挡滑行制动器	固定前排/中央共用太阳齿轮
B_2	3 挡制动器	制动 F1 外座圈，当 F1 也起作用时，可以防止前后行星排太阳齿轮逆时针转动
B_3	2 挡制动器	固定前排行星架
B_4	低、倒（L/R）挡制动器	固定后排行星架
F_0	超速挡（O/D）单向离合器	单向连接超速挡（O/D）太阳齿轮和行星架（输入端）
F_1	1 号单向离合器	当 B_2 工作时，防止前后行星排太阳齿轮逆时针转动
F_2	2 号单向离合器	防止后排行星排行星架逆时针转动

表 2-10 不同挡位时各元件的工作状态

选挡杆位置	挡位	换挡执行元件									
		C_0	C_1	C_2	B_0	B_1	B_2	B_3	B_4	F_0	F_1	F_2
P	驻车挡	○										
N	空挡	○										

续表

选挡杆位置	挡位	换挡执行元件									
		C_0	C_1	C_2	B_0	B_1	B_2	B_3	B_4	F_0	F_1	F_2
R	倒挡			○	○				○			
D	1挡	○	○							○		○
	2挡	○	○				●			○		
	3挡	○	○				●			○	○	
	4挡	○	○	○			●			○		
	5挡		○	○			●					
4	1挡									○		○
	2挡	○	○					○		○		
	3挡	○	○				○			○		
	4挡*	○	○	○			●			○		
3	1挡									○		○
	2挡	○	○					○		○		
	3挡*	○	○			○	○			○		
2	1挡	○	○							○	○	
	2挡	○	○					○				
L	1挡	○	○						○			○

注：*：表示只能降挡不能升挡。
○：表示换挡元件工作。
●：表示离合器接合或制动器制动，但不传递动力。

2）辛普森式5挡行星齿轮变速器的工作原理

（1）N挡/P挡动力传递路线。

只有C_0接合，无法传递动力，各挡位处于空转。

（2）R挡位动力传递路线。

R挡动力传递路线如图2-100所示。在R挡，动力直接传递至超速行星排行星架，使B_0接合，固定超速行星排太阳齿轮，则超速行星排内齿圈同向增速旋转（输出），超速行星排处于超速状态。离合器C_2接合，将超速行星排内齿圈输出的动力连接至行星齿轮机构的共用太阳齿轮，共用太阳齿轮顺时针旋转，中央（第三）行星排行星齿轮逆时针旋转；前（第二）行星排内齿圈、中央（第三）行星排行星架和后（第四）行星排行星架连接在一起，是动力输出端，与车体相连，可视为约束转速或固定，则中央行星排内齿圈逆时针旋转，即后排（第四行星排）太阳齿轮逆时针旋转，后行星排行星齿轮顺时针旋转，低、倒（L/R）挡制动器 B_4 接合，固定后行星排内齿圈，故行星轮只能逆时针沿齿圈爬行，即行星架逆时针旋转，但相对于太阳齿轮的输入端是同向减速旋转。由以上分析可知，倒挡时，超速行星排增速运动，中央（第三）行星排反向减速运动，后（第四）行星排同向减速运动，前（第二）行星排没有参与动力传递与速比变化，总的运动方式是反向减速，以实现倒挡。

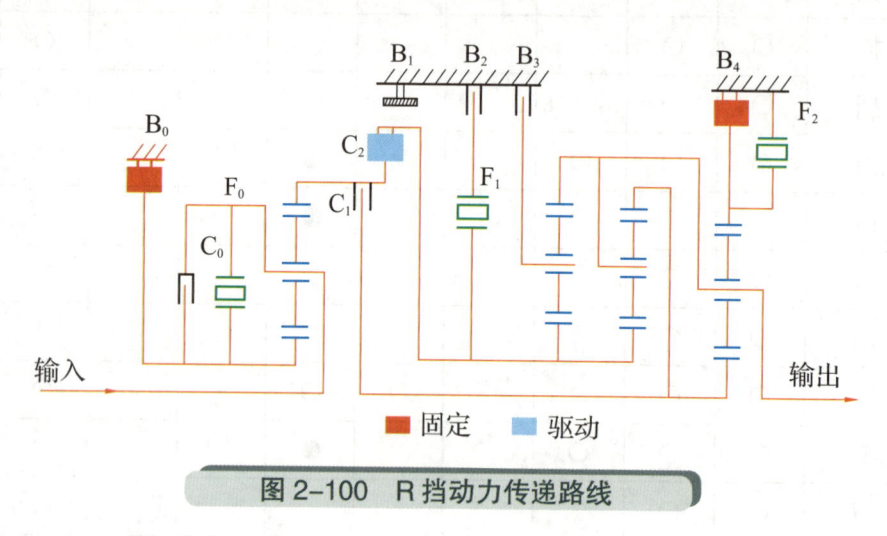

图 2-100　R 挡动力传递路线

（3）1 挡位动力传递路线。

① D_1、4_1、3_1、2_1 挡动力传递路线。

1 挡动力传递路线如图 2-101 所示。1 挡时，动力直接传递至超速行星排行星架，单向离合器 F_0 锁止，同时超速挡（O/D）直接离合器 C_0 接合，将超速行星排的行星架和太阳齿轮连接为一体，则超速行星排以一个整体旋转，内齿圈同向等速旋转（输出）。前进挡离合器 C_1 接合，将超速行星排内齿圈输出的动力连接至后排（第四行星排）太阳齿轮，太阳齿轮顺时针旋转，后行星排行星齿轮逆时针旋转，带动后行星排内齿圈产生逆旋转的趋势，单向离合器 F_2 锁止，防止后内齿圈逆时针转动，故行星轮只能顺时针沿齿圈爬行，即行星架顺时针旋转，相对于太阳齿轮的输入端是同向减速旋转。由以上分析可知，1 挡时，超速行星排等速传动，前（第二）、中央（第三）行星排没有参与动力传递与速比变化，只有后（第四）行星排参与动力传递，总的运动方式是同向减速。在 D_1、4_1、3_1、2_1 挡，单向离合器 F_2 锁止是动力传递不可缺少的条件，当动力反向传递时，它会超越打滑，故没有发动机制动。

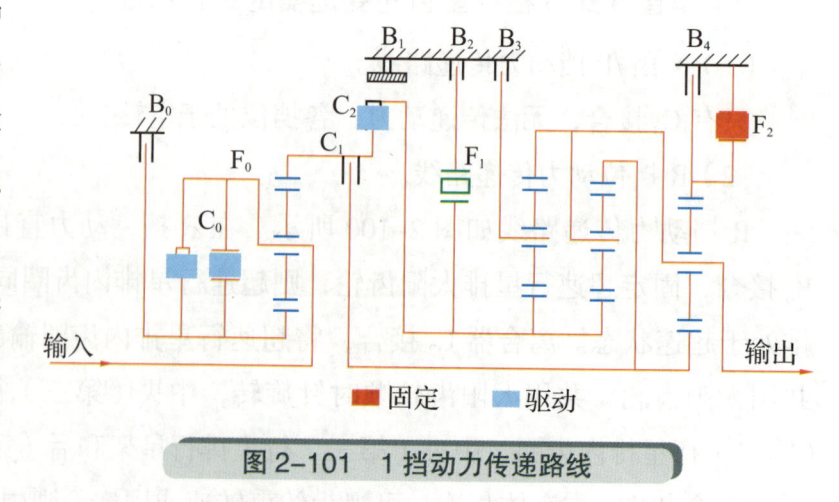

图 2-101　1 挡动力传递路线

② L_1 挡动力传递路线。

L_1 挡动力传递路线如图 2-102 所示。在 L_1 挡，为获得发动机制动，低、倒（L/R）挡制动器 B_4 接合，它与单向离合器 F_2 并联，将后排内齿圈双向固定，F_2 锁止不再是动力传递的唯一条件，故在 L_1 挡有发动机制动。

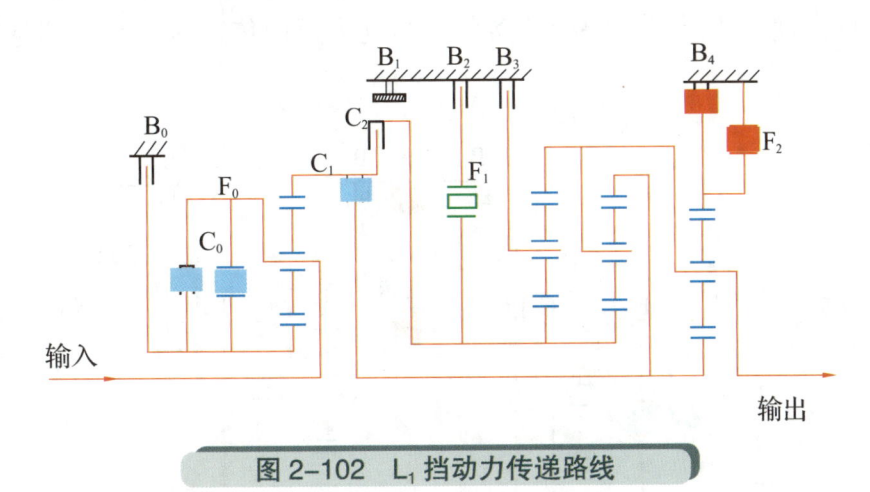

图 2-102　L_1 挡动力传递路线

（4）2 挡位动力传递路线。

2 挡动力传递路线如图 2-103 所示。2 挡时，超速行星排状态同 1 挡前进挡离合器 C_1 接合，将超速行星排内齿圈输出的动力连接至中央（第三）行星排内齿圈，2 挡制动器 B_3 接合，固定前（第二）排行星架，则前排内齿圈/中央/后排行星架同向减速旋转（输出），这是辛普森式行星齿轮机构的第一挡。由以上分析可知，2 挡时，超速行星排是等速传动，前（第二）排和中央（第三）排组成行星齿轮机构的 1 挡状态，后排行星齿轮机构没有参与动力传递与速比变化。2 挡时，没有单向离合器单独参与动力传递，故有发动机制动。

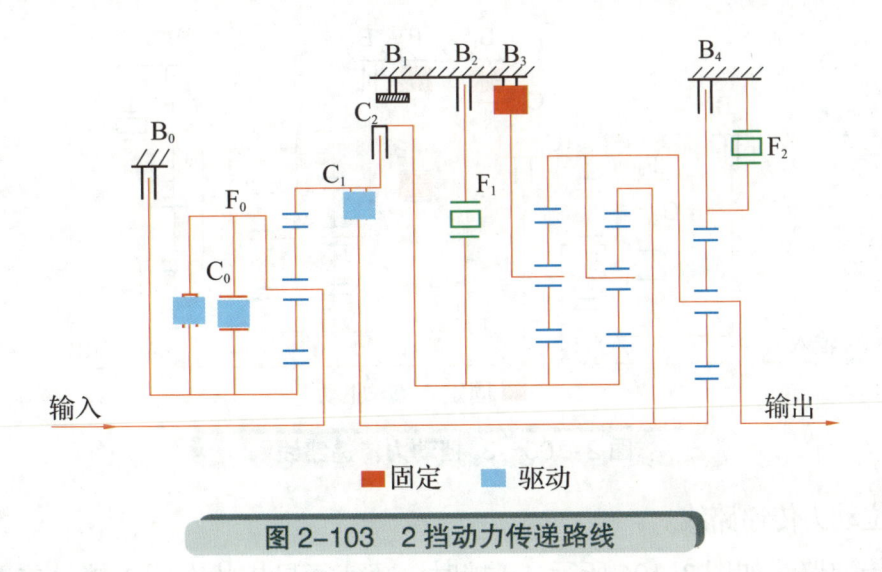

图 2-103　2 挡动力传递路线

（5）3 挡位动力传递路线。

① D_3、4_3 挡动力传递路线。

3 挡动力传递路线如图 2-104 所示。3 挡时，超速行星排状态同 1 挡前进挡离合器 C_1 接合，将超速行星排内齿圈输出的动力连接至中央（第三）行星排内齿圈，中央行星架与车体连接在一起，可视为约束转速或固定，所以太阳齿轮有逆时针旋转的趋势；3挡制动器B_2接合，单向离合器F_1锁止，阻止前排/中央共用太阳齿轮逆时针转动，则前排内齿圈/中央/后排行星架同向减速旋转（输出），这是辛普森式行星齿轮机构的第二挡。在D_3、4_3挡，单向离合器F_1锁止是动力传递不可缺少的条件，当动力反向传递时，它会超越打滑，故没有发动机制动。

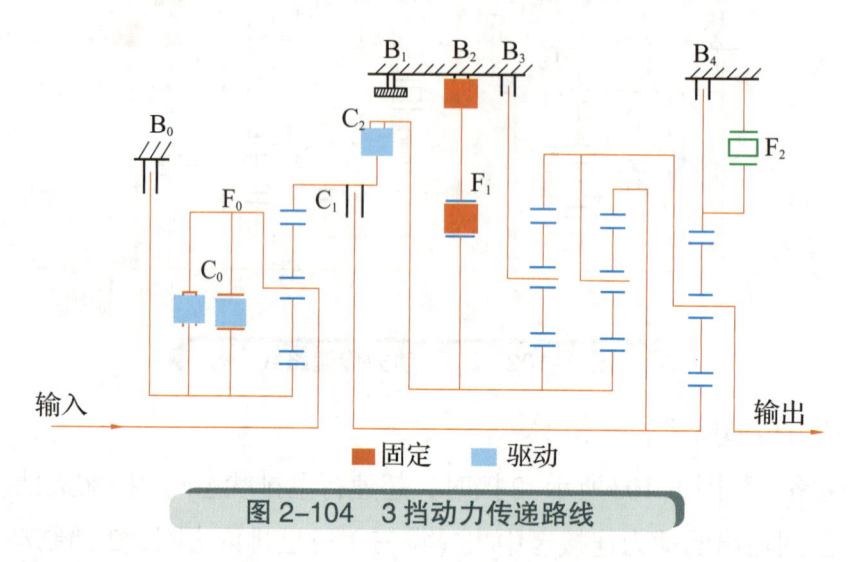

图 2-104 3挡动力传递路线

② 3_3挡动力传递路线。

3_3挡动力传递路线如图 2-105 所示。在3_3挡，为获得发动机制动，3挡滑行制动带B_1工作接合，它与单向离合器F_1并联，双向抱死共用太阳齿轮，F_1锁止不再是动力传递的唯一条件，故在3_3挡有发动机制动。

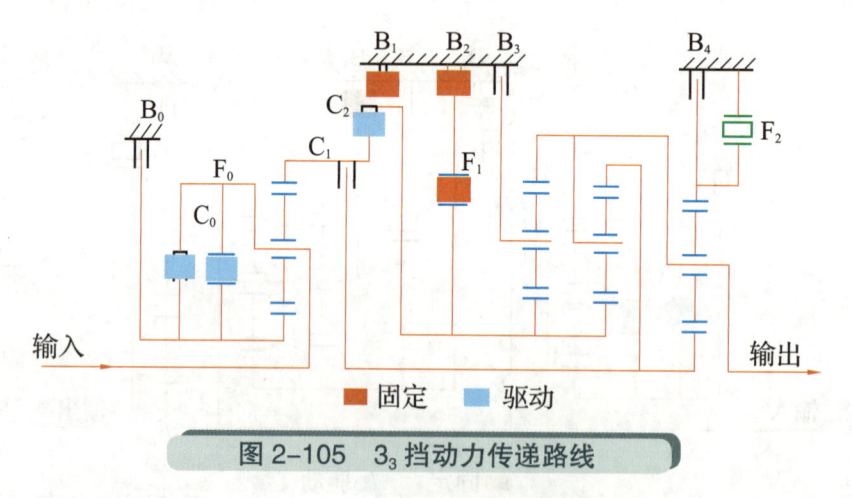

图 2-105 3_3挡动力传递路线

（6）4挡位动力传递路线。

4挡动力传递路线如图 2-106 所示。4挡时，超速行星排状态同1挡。前进挡离合器C_1接合，将超速行星排内齿圈输出的动力连接至中央（第三）行星排内齿圈；直接离合器C_2接合，将超速行星排内齿圈输出的动力连接至行星齿轮机构的共用太阳齿轮，中央（第三）排行星齿轮机构中的内齿圈和太阳齿轮被同时驱动，则整个行星齿轮机构以一个整体旋转，行星架同向等速输出，这是辛普森式行星齿轮机构的第三挡（直接挡）。4挡时，后行星排没有参与速比变化，超速行星排和辛普森式行星齿轮机构的传动比都是1，故总的传动比还是1，即直接挡。在4挡，3挡制动器B_2仍接合，但共用太阳齿轮顺时针旋转，单向离合器F_1处于打滑状态，B_2并不影响动力传递。

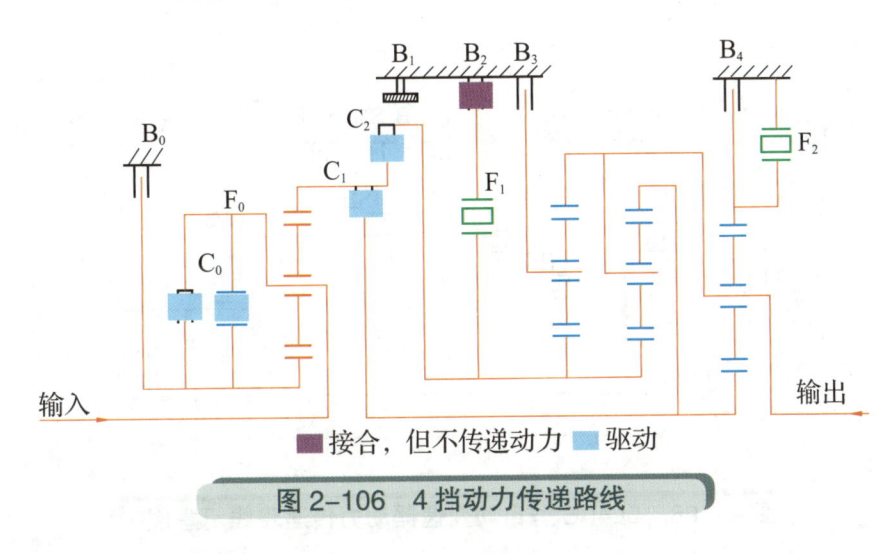

图2-106 4挡动力传递路线

（7）5挡位动力传递路线。

5挡动力传递路线如图2-107所示。5挡时，超速行星排的状态同R挡，是超速传动。前（第二）行星排、中央（第三）行星排和后（第四）行星排的状态同4挡，是直接传动。总的传动比是同向超速传动。

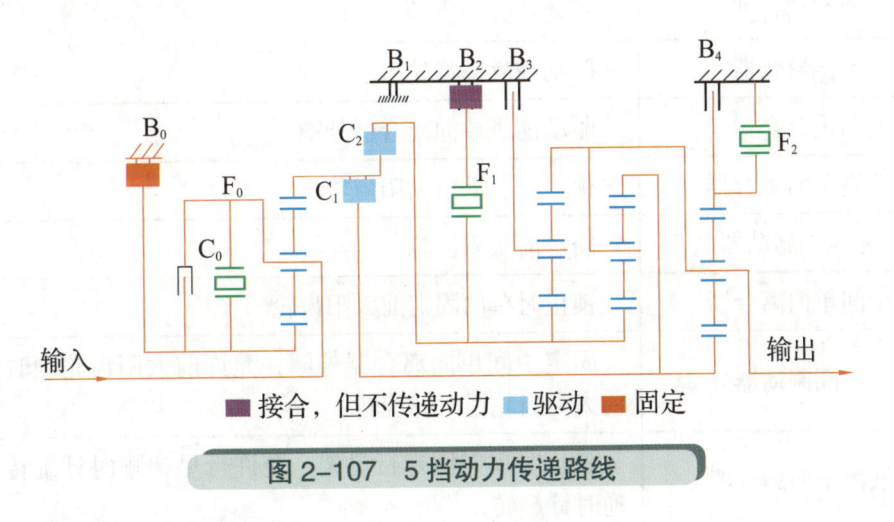

图2-107 5挡动力传递路线

2. 拉维娜式动力传递机构

拉威娜式行星齿轮变速器采用的是一种复合式行星齿轮机构。它由一个单行星轮式行星排和一个双行星轮式行星排组合而成；后太阳齿轮和长行星轮、行星架、齿圈共同组成一个单行星轮式行星排；前太阳齿轮、短行星轮、长行星轮、行星架和齿圈共同组成一个双行星轮式行星排，两个行星排共用一个齿圈和一个行星架。这种行星齿轮机构具有结构简单、尺寸小、传动比变化范围大、灵活多变等特点，多应用于前驱式汽车。

1）拉维娜式 5 挡行星齿轮变速器的结构

5L40E 型自动变速器采用拉维娜式行星齿轮机构，由两个单排双级行星齿轮机构组成换挡执行元件，包括 9 组机械摩擦式离合器／制动器和 4 个单向离合器。换挡执行元件的布置方式如图 2-108 所示，各执行元件的功能见表 2-11，不同挡位时各元件的工作状态见表 2-12。

图 2-108　5L40E 型自动变速器动力传递路线示意图

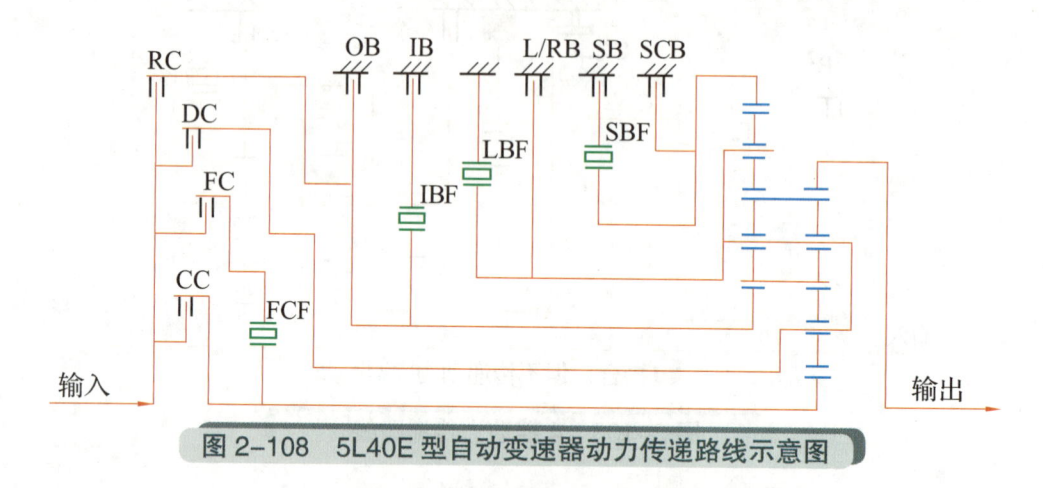

表 2-11　换挡执行元件的功能

换挡执行元件		功能
DC	直接离合器	驱动行星架，在直接离合器上有输入转速信号轮
CC	滑行离合器	驱动后太阳齿轮
RC	倒挡离合器	驱动前太阳齿轮
FC	前进离合器	驱动前进单向离合器外圈
FCF	前进单向离合器	锁止时驱动后太阳齿轮
OB	超速挡制动器	固定前太阳齿轮
IBF	中间单向离合器	锁止时单向固定前太阳齿轮
IB	中间制动器	固定中间单向离合器外圈，允许前太阳齿轮顺时针旋转，阻止前太阳齿轮逆时针旋转
LBF	低挡单向离合器	锁止时单向固定行星架，允许行星架顺时针旋转，阻止行星架逆时针旋转
L/RB	低／倒挡制动器	固定行星架
SB	第二制动器	固定第二单向离合器外圈
SBF	第二单向离合器	锁止时单向固定前排齿圈，允许前排齿圈顺时针旋转，阻止前排齿圈逆时针旋转
SCB	第二滑行制动器	固定前排齿圈

表 2-12　不同挡位时各元件的工作状态

选挡杆位置	挡位	换挡执行元件											
		DC	CC	RC	FC	FCF	OB	IBF	IB	LBF	L/RB	SB	SBF	SCB
P/N	驻车挡/空挡													
R	倒挡			○							○			
D	1 挡		○		○	●				●				
	2 挡		○		○	●						○	●	
	3 挡		○		○	●		●	○			●		
	4 挡	○	○		○	●			●			●		
	5 挡	○			●	●	○		○			●		
3	1 挡		○		○	●				●	○			
	2 挡		○		○	●						○	●	●
	3 挡 *		○		○	●	○	●	○			●		

注：*：表示只能降挡不能升挡。
　　○：表示换挡元件接合。
　　●：表示换挡元件锁止。
　　🔶：表示元件接合，但不传递动力。

2）拉维娜式 5 挡行星齿轮变速器的工作原理

（1）P/N 挡动力传递路线。

无法传递动力，各挡位处于空转。

（2）R 挡动力传递路线。

R 挡时，倒挡离合器接合，驱动前排太阳齿轮；同时低/倒挡制动器工作，固定行星架，则后排齿圈反向减速旋转（输出），传递路线如图 2-109 所示。

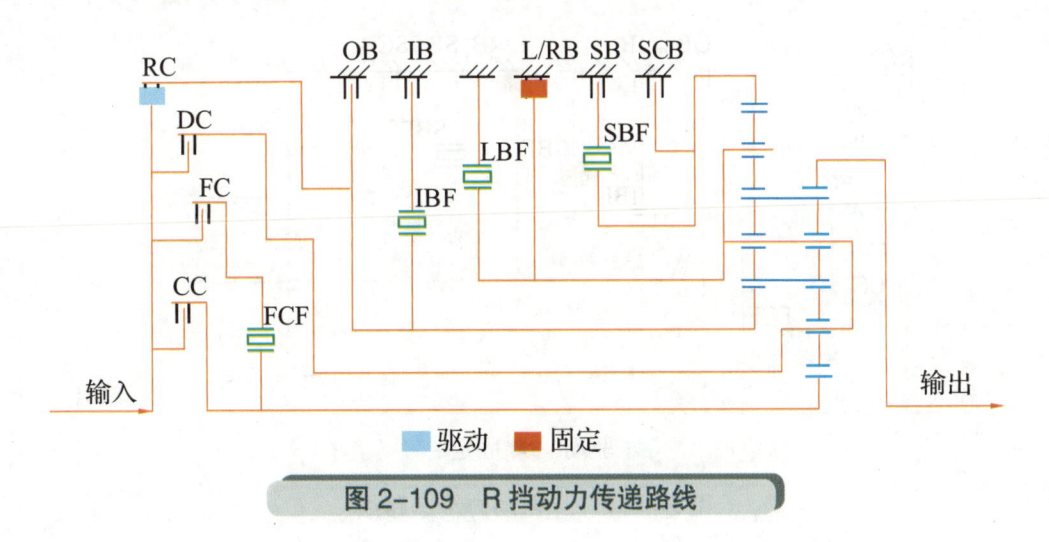

图 2-109　R 挡动力传递路线

（3）D_1、3_1挡动力传递路线。

① D_1挡动力传递路线（图2-110）。

D_1挡时，前进离合器接合，前进单向离合器锁止；滑行离合器接合，前进离合器和滑行离合器同时驱动后太阳齿轮，后太阳齿轮顺时针旋转；行星架有逆时针旋转的趋势，因低挡单向离合器锁止，单向固定行星架；则后齿圈顺时针减速旋转。因动力传递过程中，低挡单向离合器锁止，单向固定行星架是不可缺少的条件，所以当动力由车轮传至变速器时，低挡单向离合器会超越打滑，没有发动机制动，动力传递路线如图2-110所示。

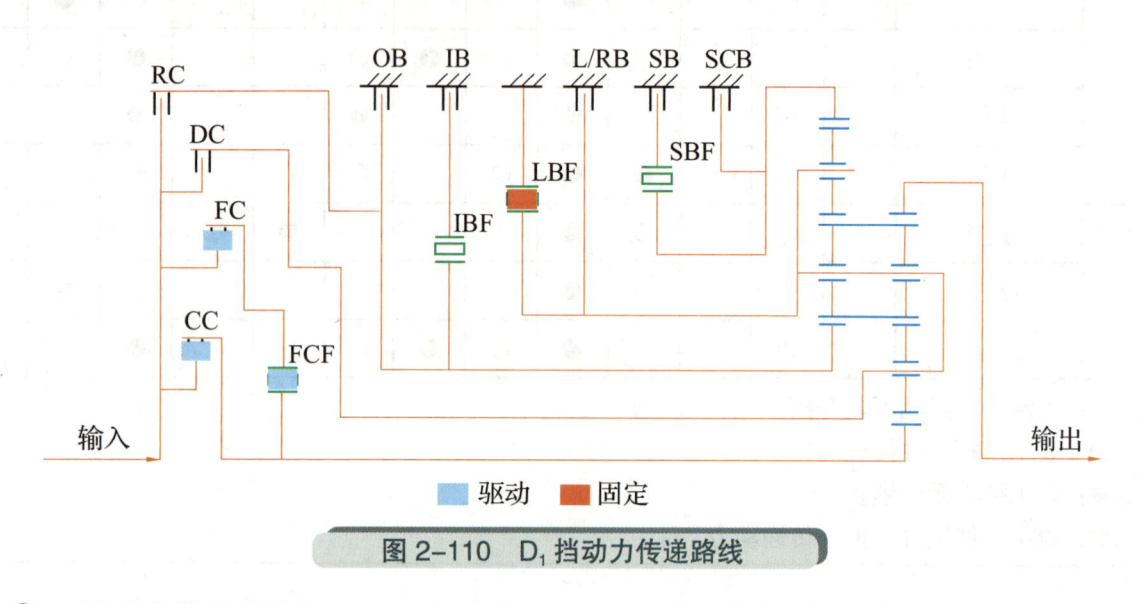

图2-110 D_1挡动力传递路线

② 3_1挡动力传递路线。

3_1挡时，自动变速器控制模块可根据情况控制自动变速器是否有发动机制动。当需要发动机制动时，前进离合器接合，前进单向离合器锁止；滑行离合器接合，前进离合器和滑行离合器同时驱动后太阳齿轮，后太阳齿轮顺时针旋转；行星架有逆时针旋转的趋势，低/倒挡制动器工作，双向固定行星架；则后齿圈顺时针减速旋转（输出）。因动力传递过程中，没有单向离合器单独参与动力传递，故有发动机制动，动力传递路线如图2-111所示。

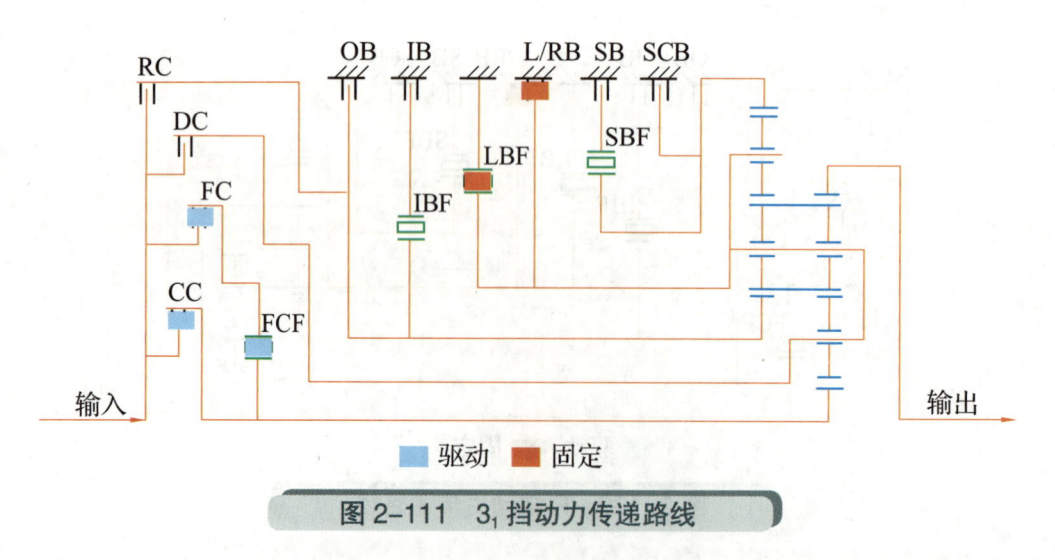

图2-111 3_1挡动力传递路线

（4）D_2、3_2挡动力传递路线。

① D_2挡动力传递路线。

D_2挡时，动力输入元件与1挡一样，即前进离合器接合，前进单向离合器锁止；滑行离合器接合，前进离合器和滑行离合器同时驱动后太阳齿轮，后太阳齿轮顺时针旋转；第二制动器工作，固定第二单向离合器外圈，第二单向离合器锁止，前内齿圈被单向固定，不能逆时针旋转；则后齿圈顺时针减速旋转（输出）。因动力传递过程中，第二单向离合器锁止，单向固定前排齿圈是不可缺少的条件，所以当动力由车轮传至变速器时，第二单向离合器会超越打滑，没有发动机制动，动力传递路线如图2-112所示。

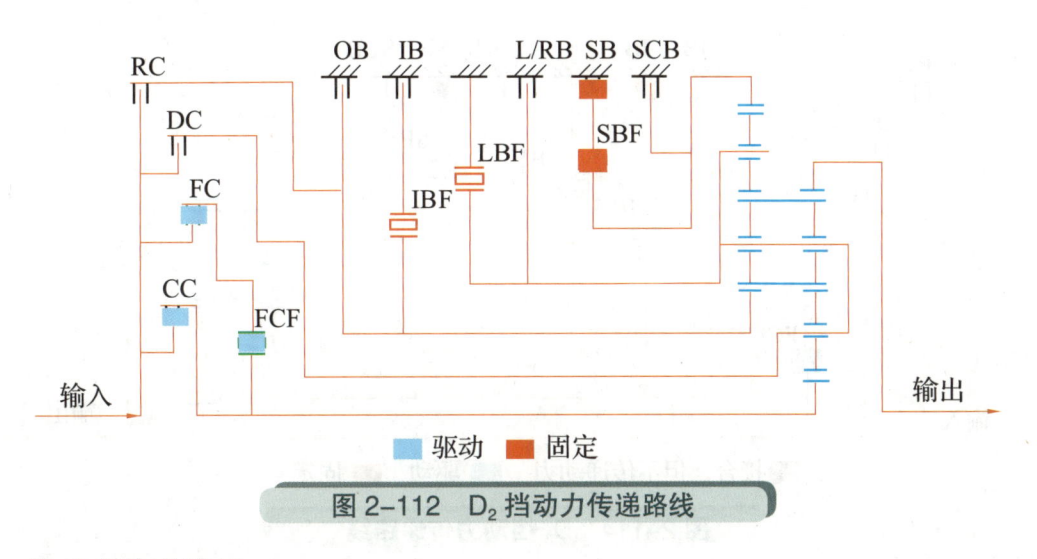

图2-112 D_2挡动力传递路线

② 3_2挡动力传递路线。

3_2挡时，自动变速器控制模块可根据情况控制自动变速器是否有发动机制动。当需要发动机制动时，前进离合器接合，前进单向离合器锁止，滑行离合器接合。前进离合器和滑行离合器同时驱动后太阳齿轮。后太阳齿轮顺时针旋转；第二滑行制动器工作，双向固定前内齿圈；则后齿圈顺时针减速旋转（输出）。因动力传递过程中，没有单向离合器单独参与动力传递，故有发动机制动，动力传递路线如图2-113所示。

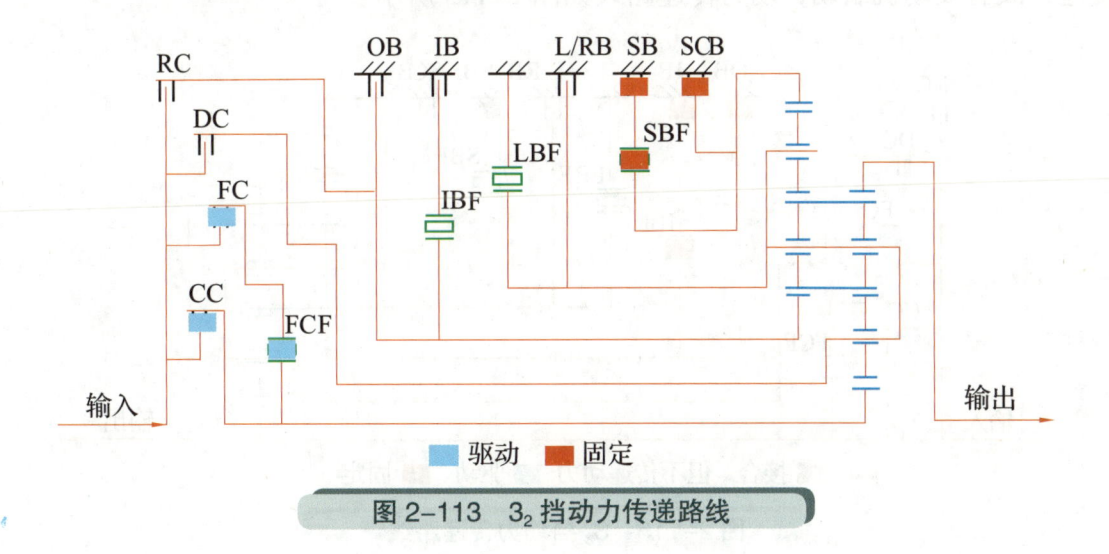

图2-113 3_2挡动力传递路线

（5）D_3、3_3挡动力传递路线。

① D_3挡动力传递路线。

D_3挡时，动力输入元件与1挡一样。即前进离合器接合，前进单向离合器锁止，滑行离合器接合，前进离合器和滑行离合器同时驱动后太阳齿轮，后太阳齿轮顺时针旋转；中间制动器工作，固定中间单向离合器外圈，中间单向离合器锁止，单向固定前排太阳齿轮，则后齿圈顺时针减速旋转（输出）。因动力传递过程中，中间单向离合器锁止，单向固定前排太阳齿轮是不可缺少的条件，所以当动力由车轮传至变速器时，中间单向离合器会超越打滑，没有发动机制动，动力传递路线如图2-114所示。

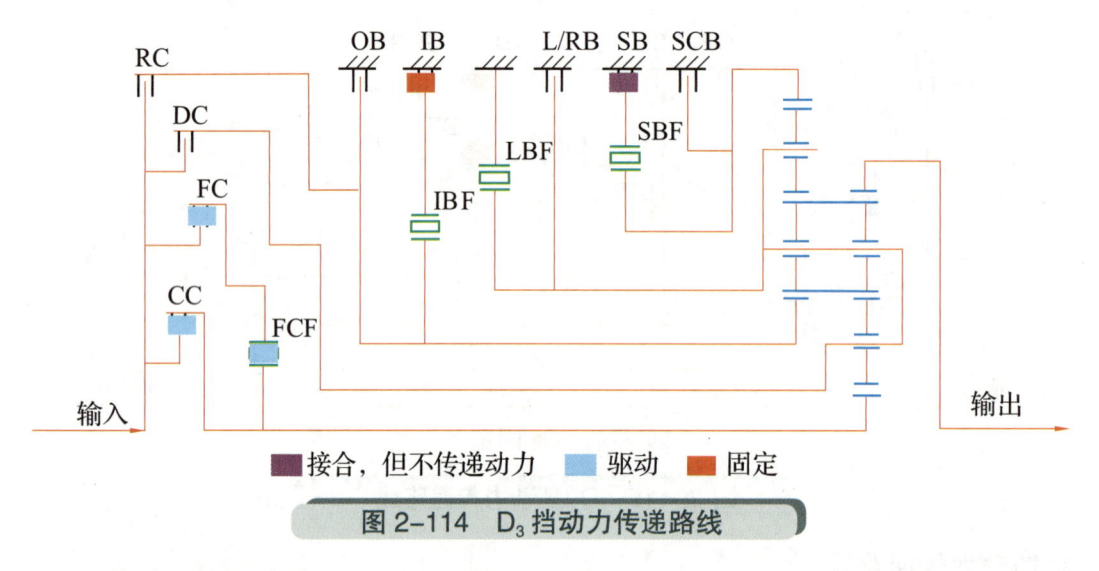

图2-114　D_3挡动力传递路线

② 3_3挡动力传递路线。

3_3挡时，自动变速器控制模块可根据情况控制自动变速器是否有发动机制动。当需要发动机制动时，前进离合器接合，前进单向离合器锁止，滑行离合器接合，前进离合器和滑行离合器同时驱动后太阳齿轮，后太阳齿轮顺时针旋转；超速挡制动器工作，双向固定前排太阳齿轮，则后齿圈顺时针减速旋转（输出）。因动力传递过程中，没有单向离合器单独参与动力传递，故有发动机制动，动力传递路线如图2-115所示。

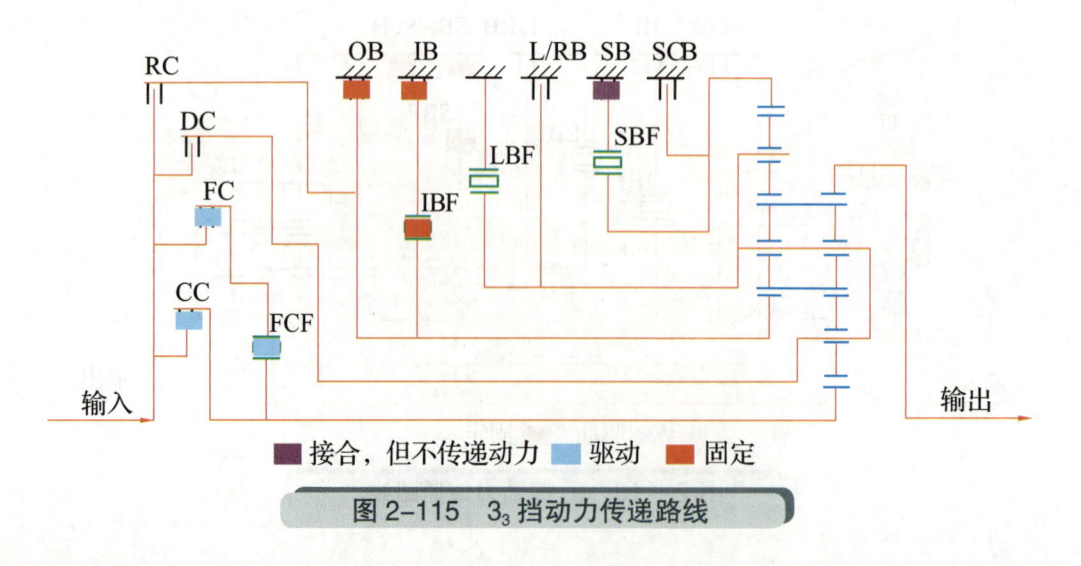

图2-115　3_3挡动力传递路线

（6）4挡动力传递路线。

4挡时，输入元件与1挡相同，即前进离合器接合，前进单向离合器锁止；滑行离合器接合，前进离合器和滑行离合器同时驱动后太阳齿轮；同时直接挡离合器接合，驱动行星架，则整个行星齿轮机构以一个整体同步旋转，为直接挡，传动比为1∶1。因4挡动力传递过程中，没有单向离合器单独参与动力传递，故有发动机制动，动力传递路线图2-116所示。

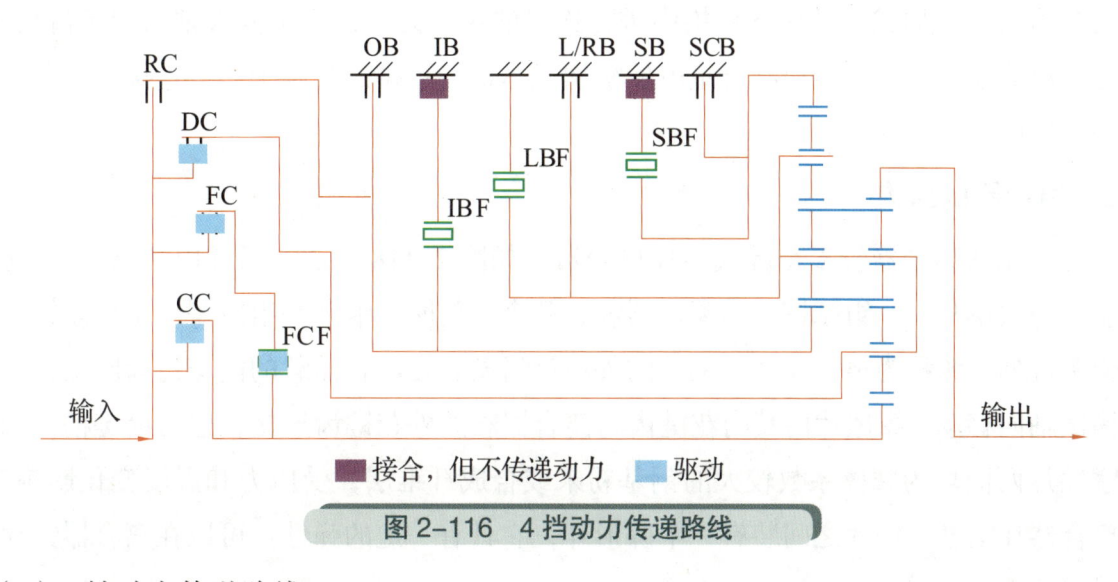

图2-116 4挡动力传递路线

（7）5挡动力传递路线。

5挡时，直接离合器接合，驱动行星架顺时针旋转，超速挡制动器工作，固定前排太阳齿轮，则后排齿圈同向增速旋转，为超速挡。因5挡动力传递过程中，没有单向离合器单独参与动力传递，故有发动机制动，动力传递路线如图2-117所示。

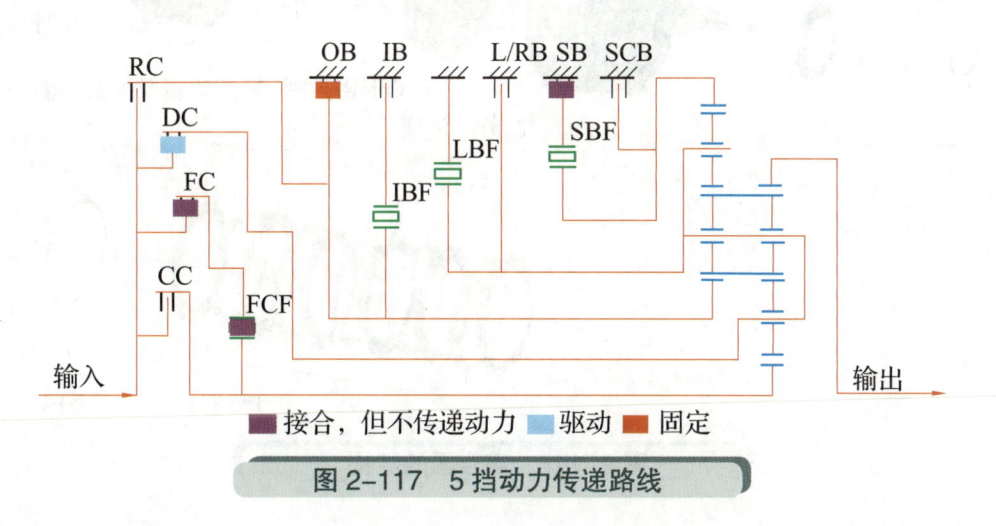

图2-117 5挡动力传递路线

六、换挡执行元件的结构与工作原理

行星齿轮变速器中的所有齿轮都处于常啮合状态，挡位变换必须通过不同方式对行星齿轮机构的基本元件进行约束（即固定或连接某些基本元件）来实现。能对这些基本元件实施约束的机构，就是行星齿轮变速器的换挡执行机构。其中换挡执行机构包括离合器、制动器和单向离合器。

1. 离合器

1）离合器的作用

离合器是离合器式换挡执行机构中进行连接的主要元件，连接输入轴与行星齿轮机构，把液力变矩器输出的动力传递给行星齿轮机构或是把行星排的某两个元件连接在一起，使之成为一个整体。

2）离合器的结构

目前采用的离合器较多是湿式多片离合器，如图2-118所示。通常由活塞、复位弹簧、弹簧座、一组钢片、一组摩擦片、离合器毂、几个密封圈、卡环等组成一个整体。钢片和摩擦片交错排列，统称为离合器片，钢片的外花键齿安装在离合器毂的内花键齿圈上，可沿齿圈键槽做轴向移动；摩擦片由其内花键齿与离合器毂的外花键齿连接，也可沿键槽做轴向移动。摩擦片两面均为摩擦系数较大的铜基粉末或合成纤维层，受压力和温度变化影响较小。有些离合器在活塞与钢片之间装有一个碟形环，它具有一定的弹性，可以在离合器钢片接合时，减缓冲击力。

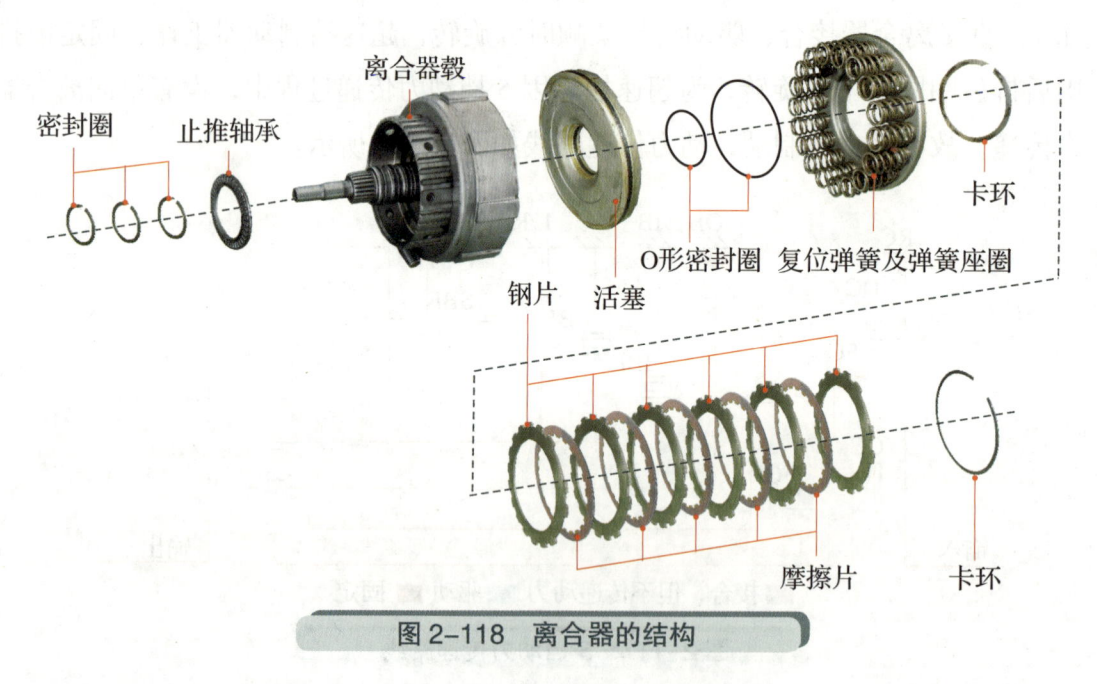

图2-118 离合器的结构

3）离合器的工作原理

（1）离合器的分离状态。

离合器处于分离状态时，如图2-119所示，其液压缸内仍残留有少量液压油。由于离合器外毂是和变速器输入轴或行星排某一基本元件一同旋转的，残留在液压缸内的液压油在离心力的作用下会被甩向液压缸外缘处，并在该处产生一定的油压。若离合器外壳的转速较高，这一压力有可能推动离合器活塞压向离合器片，使离合器处于半接合状态，导致钢片和摩擦片因互相接触摩擦而产生不应有的磨损，影响离合器的使用寿命。为了防止这种情况出现，在离合器活塞或离合器外壳的液压缸壁面上设有一个由钢球组成的单向阀。

当液压油进入液压缸时，钢球在液压的推动下压紧在阀座上，单向阀处于关闭状态，保证了液压缸密封；当液压缸内的液压被解除后，单向阀钢球在离心力的作用下离开阀座，使单向阀处于开启状态，残留在液压缸内的液压油在离心力的作用下从单向阀的阀孔中流出，保证了离合器的彻底分离。

（2）离合器的接合状态。

当离合器处于接合状态时，如图2-120所示，互相压紧在一起的钢片和摩擦片之间要有足够的摩擦力，以保证传递动力时不产生打滑现象。

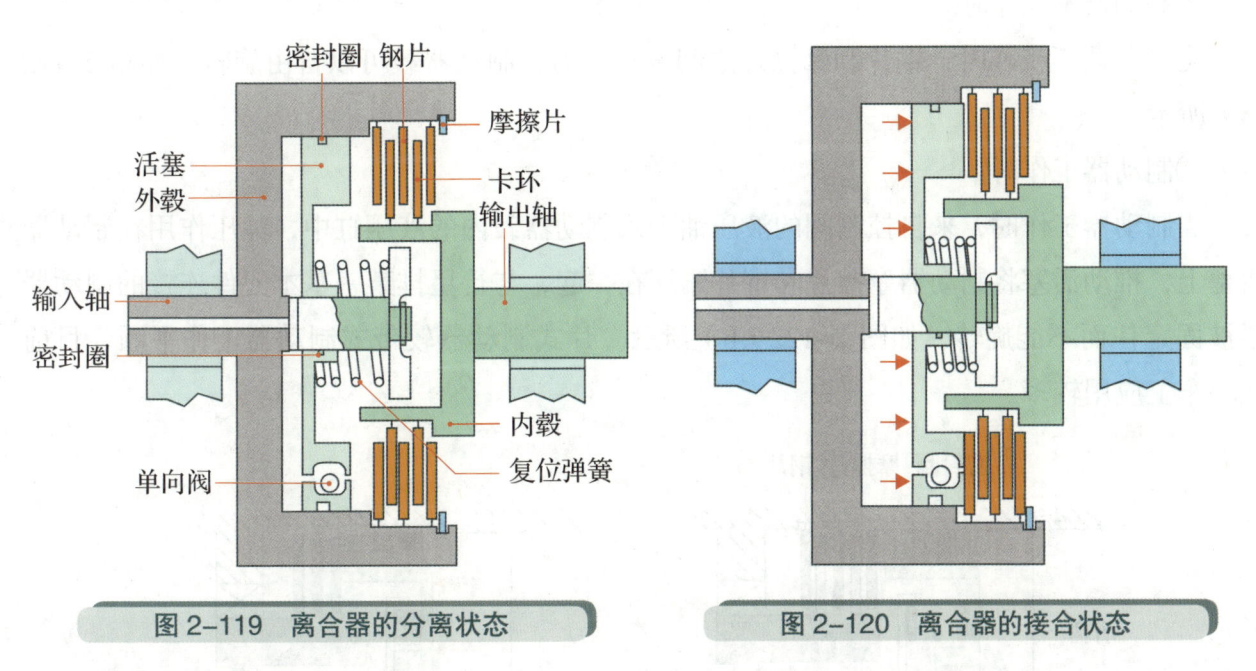

图2-119 离合器的分离状态

图2-120 离合器的接合状态

2. 制动器

制动器的功用是将行星齿轮机构中的太阳齿轮、齿圈、行星架三个基本元件之一加以固定，阻止其旋转。在自动变速中常用的制动器有片式制动器和带式制动器两种。

1）片式制动器

（1）片式制动器的结构。

片式制动器由制动器壳、制动器活塞、复位弹簧、钢片、摩擦片、密封圈、挡圈等组成，如图2-121所示。

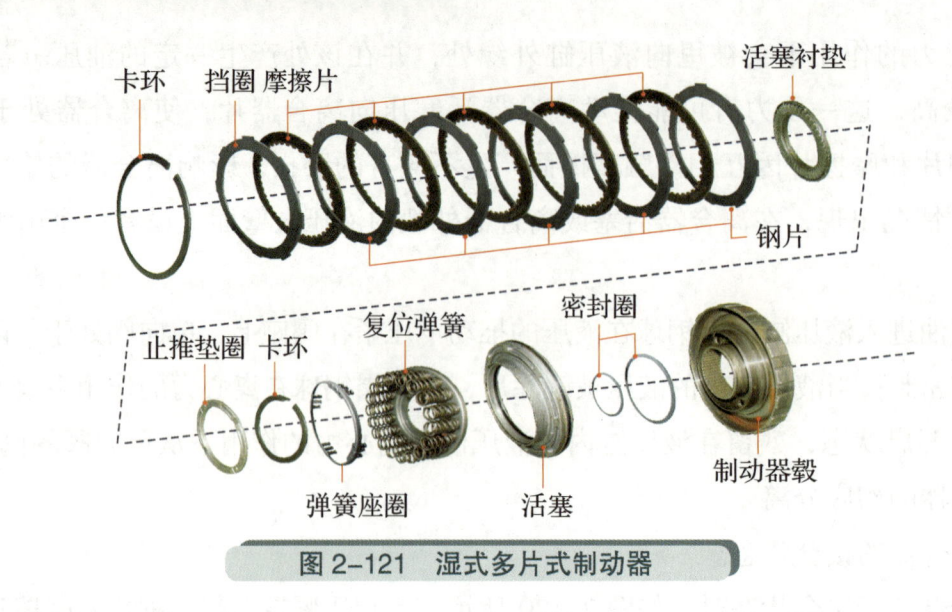

图 2-121 湿式多片式制动器

（2）片式制动器的工作原理。

①制动器不工作时。

当制动器不工作时，钢片和摩擦片之间没有压力，制动器毂可以自由旋转，如图 2-122（a）所示。

②制动器工作时。

当制动器工作时，来自控制阀的液压油进入制动器毂内的液压缸中，油压作用在制动器活塞上，推动活塞将制动器摩擦片和钢片紧压在一起，与行星排某一基本元件连接的制动器毂被固定住而不能旋转，如图 2-122（b）所示。片式制动器较带式制动器工作平顺，目前在轿车上应用较多。

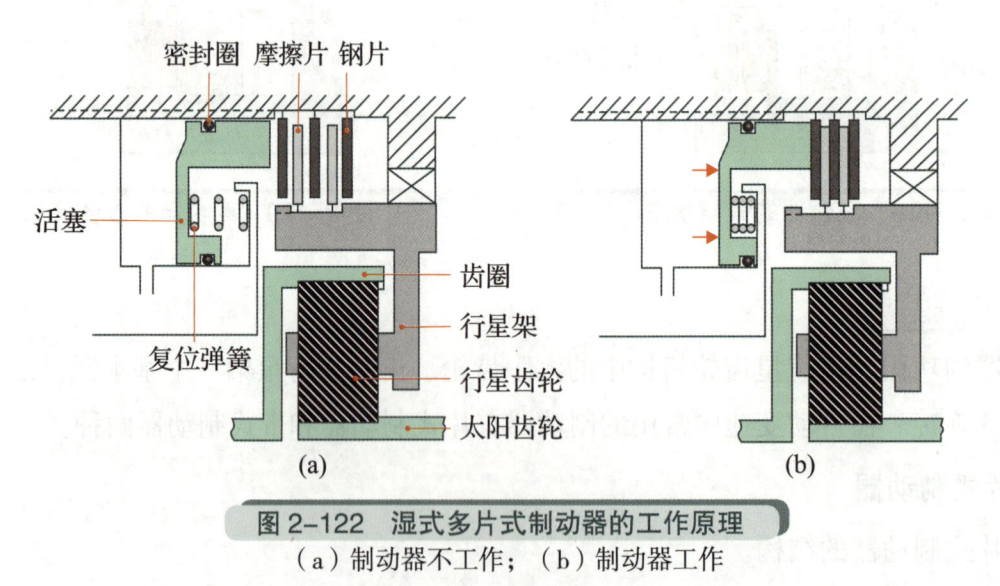

图 2-122 湿式多片式制动器的工作原理
（a）制动器不工作；（b）制动器工作

带式制动器的制动器毂与行星齿齿轮机构的某一个基本元件相连接，并随之一起转动。制动带的一端支撑在变速器壳体上的制动带支架或制动带调整螺钉上，另一端与液压缸活塞上的推杆连接。液压缸被活塞分隔为施压腔和释放腔两部分，分别通过各自的控制油道与控制阀相通。制动带的工作由作用在活塞上的液压油压力所控制。

2）带式制动器

（1）带式制动器的结构。

带式制动器是利用围绕在毂周围的制动带收缩而产生制动效果的一种制动器。

其主要由制动器毂、制动带、制动液压伺服机构等组成，如图2-123所示。

（2）带式制动器的工作原理。

① 制动器工作时。

当液压缸的工作腔内无液压油时，带式制动器不工作，如图2-124（b）所示，制动带与制动器毂之间有一定的间隙，制动器毂可以随着与它相连接的行星排基本元件一同旋转。当液压油进入制动器液压缸的工作腔时，作用在活塞上的液压油压力推动活塞，使之克服复位弹簧的弹力而移动，活塞上推杆随之向外伸出，将制动带箍紧在制动器毂上，于是制动器毂被固定住而不能旋转，此时制动器处于制动状态，如图2-124（a）所示。

② 制动器不工作时。

当带式制动器不工作或处于释放状态时，如图2-124（b）所示，制动带与制动器毂之间应有适当的间隙，间隙太大或太小都会影响制动器的正常工作。这一间隙的大小可用制动带调整螺钉来调整。在装复时，一般将螺钉向内拧紧至一定力矩，然后再退回规定的圈数（通常为2~3圈）。

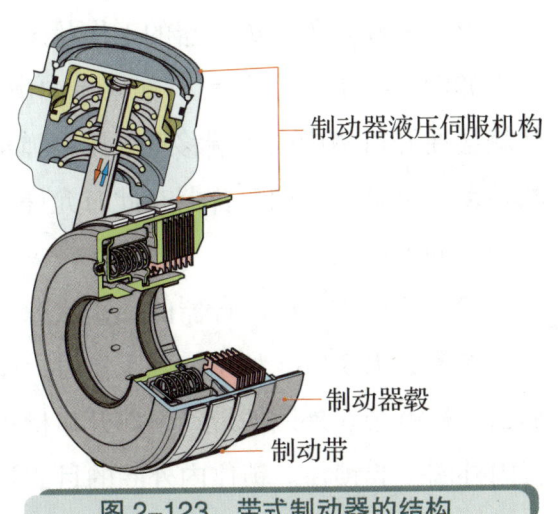

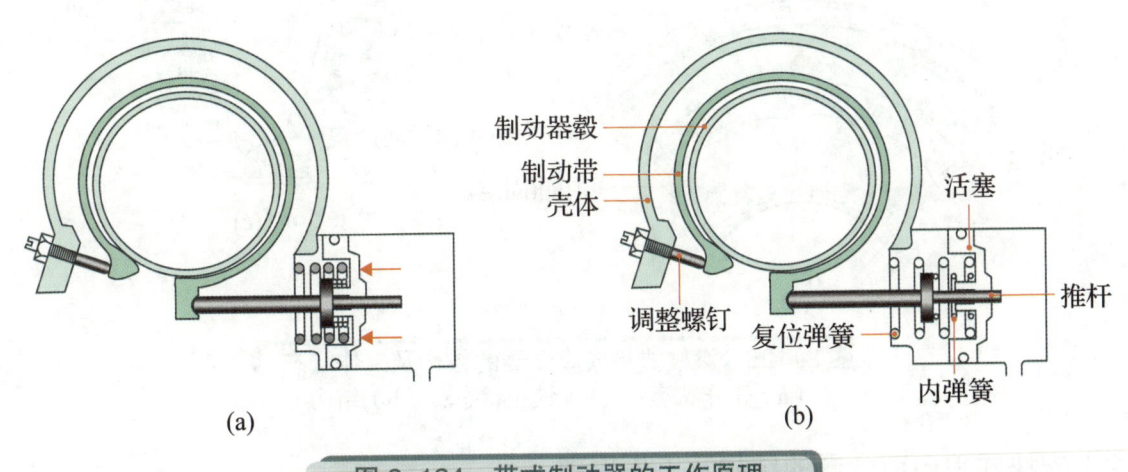

图2-123 带式制动器的结构

图2-124 带式制动器的工作原理
（a）制动器工作时；（b）制动器不工作时

3. 单向离合器

1）滚柱式单向离合器的结构及工作原理

滚柱式单向离合器由滚柱、弹簧、外圈、支架和内圈组成，如图2-125（c）所示。

（1）滚柱式单向离合器的工作状态。

如图2-125（a）所示，如果单向离合器的外圈相对于内圈做逆时针方向转动，那么滚柱就会在开口槽中向大端移动并压缩弹簧，这时，单向离合器不会出现锁止现象。而允许外圈转动，也就是单向离合器在此时允许其外圈相对于内圈做逆时针转动。这就是滚柱式单向离合器的工作状态。

（2）滚柱式单向离合器的锁止状态。

如图2-125（b）所示，当工作时，如果单向离合器的外圈相对于内圈沿顺时针方向旋转，那么滚柱就会在外圈的带动下向开口槽窄处移动。由于在窄处的宽度小于滚柱的直径，于是将内外圈一起锁住。锁住内外圈的目的是要在它们之间传递扭矩。

单向离合器中的弹簧作用是改善滚柱最初的楔入，滚柱一旦楔入开口槽的小端，单向离合器处于锁止状态，这就避免了其外圈相对于内圈做顺时针转动，或内圈相对于外圈做逆时针转动。

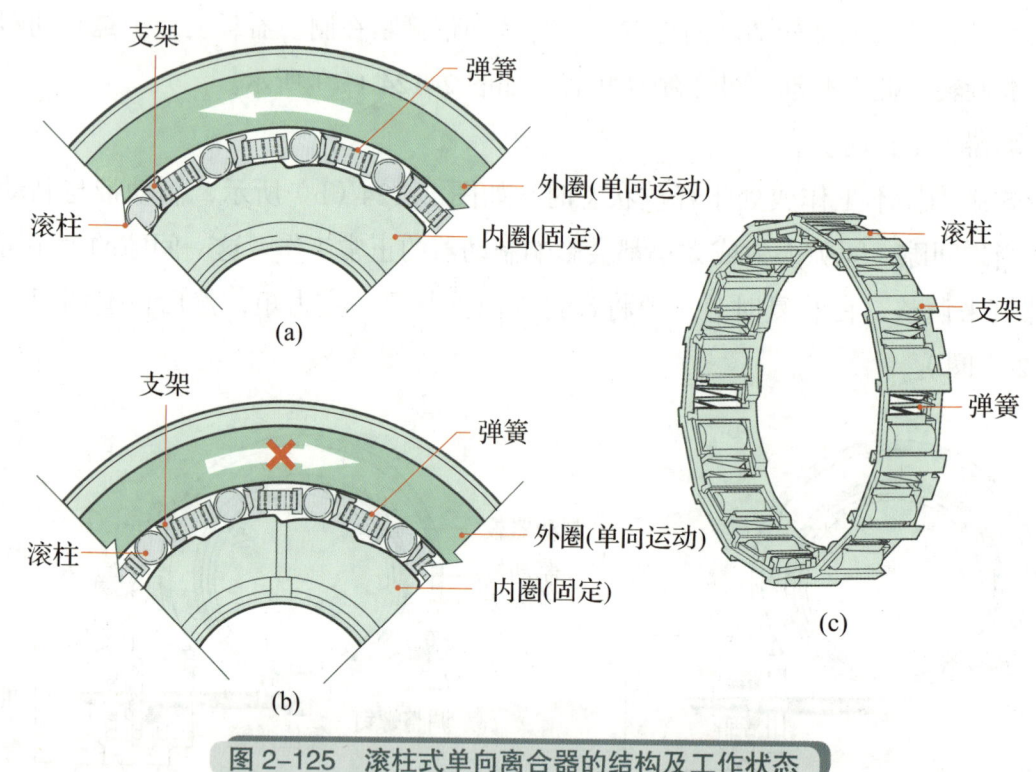

图2-125 滚柱式单向离合器的结构及工作状态
（a）工作状态；（b）锁止状态；（b）结构

2）楔块式单向离合器的结构及工作原理

楔块式单向离合器由内外圈、支架、楔形块和保持弹簧组成，如图2-126（c）所示。

（1）楔块式单向离合器的工作状态。

如果在外力的作用下外圈试图相对于内圈沿顺时针旋转，如图2-126（a）所示，楔形块受到几何尺寸的限制而卡在内、外圈之间，内、外圈就会锁死在一起。换言之，内、外圈一旦被楔形块卡住，单向离合器就会锁止，使得内、外圈无法相对运动。

为保证楔形块能够顺利地锁住内、外圈，在楔块式单向离合器中装有一根保持弹簧，使楔形块倾斜一定的角度。

（2）楔块式单向离合器的锁止状态。

楔块式单向离合器与滚柱式单向离合器中滚子的工作原理类似。外圈在外力的作用下相对于内圈沿逆时针方向转动，如图 2-126（b）所示，楔形块又被外圈推动发生倾斜。此时，在内、外圈和楔形块之间有了一定空隙，故而离合器不会锁止。也就是楔块式单向离合器允许其外圈相对于内圈沿逆时针方向旋转，或允许其内圈相对于外圈沿顺时针方向转动。这就是楔块式单向离合器的锁止状态。

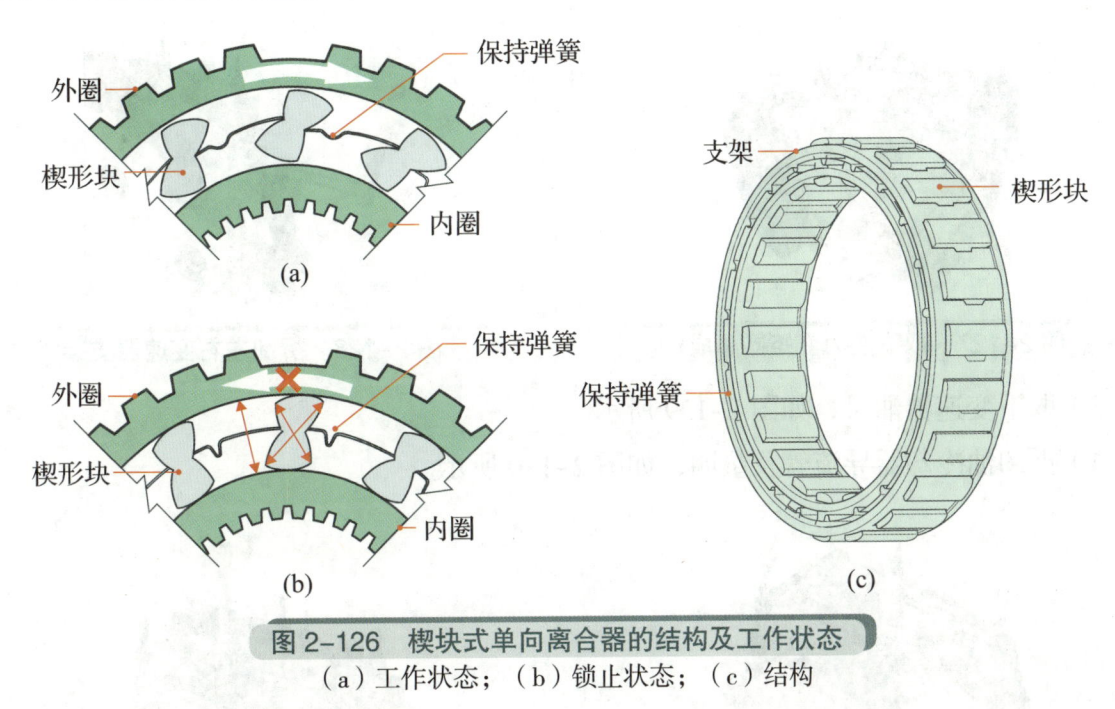

图 2-126 楔块式单向离合器的结构及工作状态
（a）工作状态；（b）锁止状态；（c）结构

相关技能

1. 实训内容

（1）自动变速器的拆装。
（2）自动变速器组件的检修。

2. 准备工作

（1）自动变速器一台。
（2）拆装工具一套。
（3）刀口尺、塞尺（厚薄规）、游标卡尺各一套。

3. 注意事项

（1）明确操作规范和职责范围，预防潜在危险。

(2)实践操作过程中保持场地卫生及安全,不嬉戏打闹。

(3)在使用举升机的过程中应将保险设置好后再开始工作。

(4)使用维修手册时,要注意避免破损,手册与使用车型相对应。

4. 操作步骤

1)自动变速器的拆装

(1)取下液力变矩器总成,如图 2-127 所示。

(2)拆卸左右变速器支架,如图 2-128 所示。

图 2-127 取下液力变矩器总成

图 2-128 拆卸左右变速器支架

(3)取下变速器油尺,如图 2-129 所示。

(4)拆卸油冷却器导流管及垫圈,如图 2-130 所示。

图 2-129 取下变速器油尺

图 2-130 拆卸冷却器导流管及垫圈

(5)拆卸输入轴转速传感器和输出轴转速传感器,如图 2-131 所示。

(6)拆卸变速器挡位开关,如图 2-132 所示。

图 2-131 拆卸输入轴转速传感器和输出轴转速传感器

图 2-132 拆卸变速器挡位开关

项目二　传动系统的检修

（7）拆卸油底壳，如图 2-133 所示。

（8）拆卸操纵手柄定位棘爪，如图 2-134 所示。

图 2-133　拆卸油底壳

图 2-134　拆卸操纵手柄定位棘爪

（9）松开阀体上的线束接头，如图 2-135 所示。

（10）拆卸阀体紧固螺栓，如图 2-136 所示。

图 2-135　松开阀体上的线束接头

图 2-136　拆卸阀体紧固螺栓

⚠ 注意事项：为了防止变速器元件损坏，在试图拆下阀体之前确保操纵手柄和 P/N 位开关必须先被拆下。阀体装配螺栓的长度是不同的，标记每一个螺栓的位置来帮助装配。

（11）移开阀体，取出两个钢球，如图 2-137 所示。

（12）拆卸电磁阀线束卡环，取下电磁阀，如图 2-138 所示。

图 2-137　移开阀体，取出两个钢球

图 2-138　拆卸电磁阀线束卡环，取下电磁阀

71

（13）取下油封及滤网，如图2-139所示。

> ⚠ **注意事项**：在从壳体拆下变速器动力传动元件之前必须先拆下二挡制动器固定器油封，否则将会发生损坏油封的情况。

（14）取出4个蓄能器，如图2-140所示。

图2-139 取下油封及滤网

图2-140 取出4个蓄能器

（15）拆卸操纵手柄轴销，如图2-141所示。

（16）拆卸操纵手柄杆，如图2-142所示。

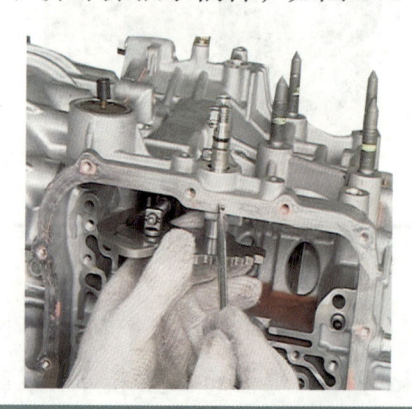

图2-141 拆卸操纵手柄轴销

图2-142 拆卸操纵手柄杆

（17）拆卸驻车棘爪杆，如图2-143所示。

（18）拆卸变速器外壳紧固螺栓，取下变速器壳，如图2-144所示。

图2-143 拆卸驻车棘爪杆

图2-144 拆卸变速器外壳

（19）取出壳体上的两个 O 形圈，如图 2-145 所示。

（20）取出差速器总成，如图 2-146 所示。

图 2-145　取下壳体上的两个 O 形圈

图 2-146　取出差速器总成

（21）拆卸变速器油滤清器，如图 2-147 所示。

（22）拆卸油泵紧固螺栓，如图 2-148 所示。

图 2-147　拆卸变速器油滤清器

图 2-148　拆卸油泵紧固螺栓

⚠ **注意事项**：油泵是不能维修的，必要时需更换总成。在装配时不要分解油泵或是不正当地调整，否则将导致油泵故障或是导致变速器损坏。

（23）取下油泵垫圈，如图 2-149 所示。

（24）取出止推垫圈，如图 2-150 所示。

图 2-149　取下油泵垫圈

图 2-150　取出止推垫圈

（25）将减速传动离合器和输入轴作为一个总成取出，如图2-151所示。

（26）取出止推垫圈，如图2-152所示。

图2-151 取出减速传动离合器和输入轴总成

图2-152 取出止推垫圈

（27）取出减速传动离合器毂，如图2-153所示。

（28）拆卸变速器后盖紧固螺栓，如图2-154所示。

图2-153 取出减速传动离合器毂

图2-154 拆卸变速器后盖紧固螺栓

（29）取出止推垫圈，如图2-155所示。

（30）取出3个O形密封圈，如图2-156所示。

图2-155 取出止推垫圈

图2-156 取出3个O形密封圈

（31）取出倒挡和超速挡离合器，如图 2-157 所示。

（32）取出超速挡离合器毂，如图 2-158 所示。

图 2-157　取出倒挡和超速挡离合器

图 2-158　取出超速挡离合器毂

（33）取出止推轴承，如图 2-159 所示。

（34）取出行星架及倒挡太阳齿轮，如图 2-160 所示。

图 2-159　取出止推轴承

图 2-160　取出行星架及倒挡太阳齿轮

（35）拆卸二挡制动器的活塞卡簧，如图 2-161 所示。

（36）取出二挡制动器活塞和复位弹簧，如图 2-162 所示。

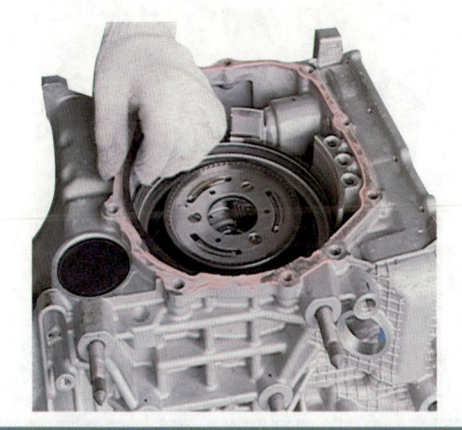

图 2-161　拆卸二挡制动器的活塞卡簧

图 2-162　取出二挡制动器活塞和复位弹簧

（37）取下二挡制动器压盘、制动片及摩擦片，如图2-163所示。

（38）取出超速挡行星架及输出行星架组件，如图2-164所示。

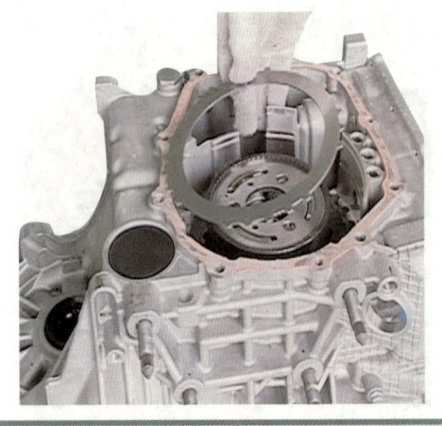

图2-163 取下二挡制动器压盘

图2-164 取出超速挡行星架及输出行星架组件

（39）拆卸低/倒挡反作用盘弹性挡圈，如图2-165所示。

（40）拆卸低/倒挡反作用盘和制动圆盘，如图2-166所示。

图2-165 拆卸低/倒挡反作用盘弹性挡圈

图2-166 拆卸低/倒挡反作用盘和制动圆盘

（41）拆卸低/倒挡制动器弹性挡圈，如图2-167所示。

（42）取出低/倒挡制动片和制动压力盘，如图2-168所示。

图2-167 拆卸低/倒挡制动器弹性挡圈

图2-168 取出低/倒挡制动片和制动压力盘

项目二　传动系统的检修

（43）取出波纹弹簧，如图2-169所示。

（44）取出驻车棘爪轴，如图2-170所示。

图2-169　取出波纹弹簧

图2-170　取出驻车棘爪轴

（45）取出驻车爪簧，如图2-171所示。

（46）拆卸驻车滚动支撑，如图2-172所示。

图2-171　取出驻车爪簧

图2-172　拆卸驻车滚动支撑

（47）拆卸驻车棘爪，如图2-173所示。

（48）拆卸弹性挡圈，如图2-174所示。

图2-173　拆卸驻车棘爪

图2-174　拆卸弹性挡圈

77

（49）取出弹簧座及复位弹簧，如图2-175所示。

（50）拆卸低/倒挡制动活塞，如图2-176所示。

图2-175 取出弹簧座

图2-176 拆卸低/倒挡制动活塞

（51）拆卸传动齿轮紧固螺栓，取出传动齿轮，如图2-177所示。

（52）安装时按照与拆解相反的顺序进行装配。

2）自动变速器组件的检修

（1）液力变矩器的检修。

液力变矩器的外壳采用焊接式整体结构，不可分解；液力变矩器内部除了导轮的单向轮和锁止离合器压盘之外，没有互相接触的零件。因此，液力变矩器的检修工作主要是检查和清洗。

图2-177 拆卸传动齿轮紧固螺栓

测量变矩器轮毂的外径-（1）尺寸A，衬套磨损区域，如图2-178所示。变矩器轮毂外径尺寸A必须等于或大于58.250 mm。

在尺寸A处测量扭矩变换器轮毂的平面之间的距离，如图2-179所示。变矩器轮毂平面尺寸A必须等于或大于51.816 mm。

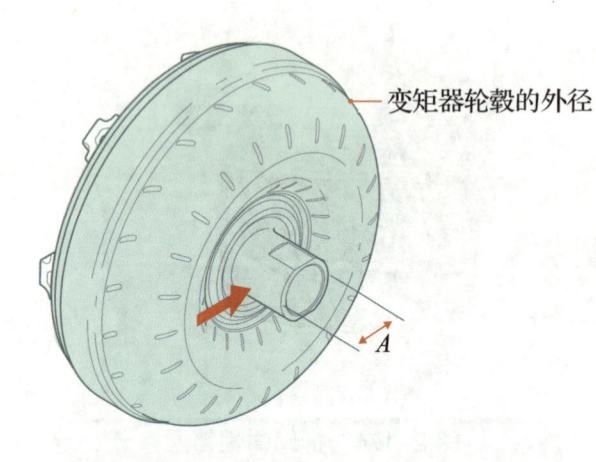

图2-178 测量变矩器轮毂的外径

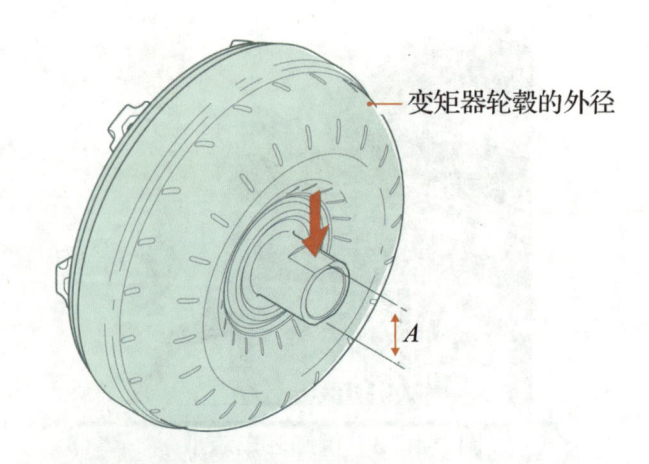

图2-179 测量扭矩变换器轮毂的平面之间的距离

测量变矩器盖导阀 A 的尺寸，如图 2-180 所示。尺寸 A 必须等于或大于 43.080 mm。

（2）油泵的检修。

决定油泵使用性能的主要因素是齿轮的工作间隙，特别是齿轮端面间隙影响最大。在这些间隙处，总有一定的油液泄漏。如果因装配或磨损使得工作间隙过大，油液泄漏量就会增加，严重时会造成输出油液压力过低，影响系统正常工作。

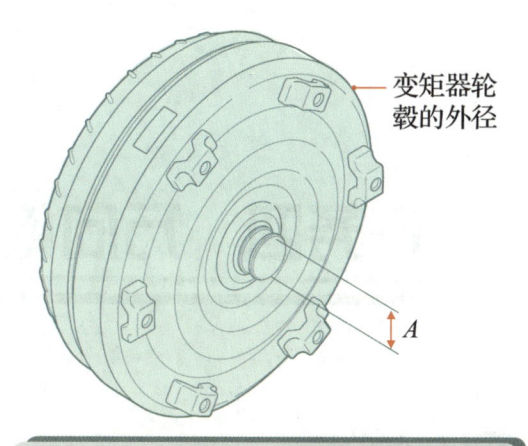

图 2-180 测量变矩器盖导阀 A 的尺寸

① 从动轮与泵体间隙的检查如图 2-181 所示，用厚薄规测量从动轮与泵体间隙（标准值为 0.07~0.15 mm，极限值为 0.3 mm）。

② 从动轮齿顶与月牙形隔板间隙的测量如图 2-182 所示，用厚薄规测量从动轮齿顶与月牙形隔板间隙（标准值为 0.11~0.14 mm，极限值为 0.3 mm）。

③ 主动轮与从动轮侧隙的检查。

如图 2-183 所示，用直尺和厚薄规测量主动轮与从动轮的侧隙。如果工作间隙超过规定值，应更换油泵（标准值为 0.02~0.05 mm，极限值为 0.1 mm）。

图 2-181 测量从动轮与泵体间隙

图 2-182 测量从动轮齿顶与月牙形隔板间隙

图 2-183 测量主动轮与从动轮的侧隙

5. 技能总结

任务四　万向传动装置的检修

任务目标

完成本学习任务后，学生在基础知识和基本技能方面应达到以下要求。

知识目标

（1）了解万向传动装置的作用。

（2）掌握万向节的工作原理。

（3）熟悉万向传动装置的应用。

能力目标

（1）会检查传动轴异响出现的部位及排除方法。

（2）会判断车身振动出现的原因及部位。

任务引入

万向传动装置在汽车工作过程中，受载货、路面、扭力变化等影响，在其高速旋转过程中，由于离心力的作用，极容易产生剧烈振动和异响。如何对故障进行准确诊断，彻底排除，这就需要我们对万向传动装置做系统分析。

相关知识

一、万向传动装置的作用

万向传动装置的作用是实现轴线相交和相对位置经常变化的转轴之间的动力传递。

二、万向传动装置的应用

万向传动装置在汽车上的应用主要有以下几个方面。

1. 连接变速器与驱动桥

一般汽车的变速器、离合器与发动机三者合为一体装在车架上，驱动桥通过悬架与车架相连。在负荷变化及汽车在不平路面行驶时引起的跳动，会使驱动桥输入轴与变速器输出轴之间的夹角和距离发生变化。所以需要在它们之间安装万向传动装置。

2. 离合器与变速器、变速器与分动器的连接

在多轴传动的汽车上，在分动器与各驱动桥之间或驱动桥与驱动桥之间也需要用万向传动装置传递动力。若离合器与变速器分开或变速器与分动器分开布置，虽然都支撑在车架上，且轴线也可以设计成重合，但为了消除制造、装配误差以及车架变形对传动的影响，在其间也常设置万向传动装置。

3. 连接转向驱动桥或断开式驱动桥

在与独立悬架配合使用的断开式驱动桥中，由于左右车轮存在相对跳动，则在差速器与驱动轮之间装有万向传动装置。

在转向驱动桥中，前轮在偏转过程中均需传递动力。因此，对于非独立悬架的驱动桥，往往将一侧的半轴再分为内、外两段，用万向节连接。

4. 连接转向操纵机构

有些汽车的转向操纵机构，由于受整体布置的限制，转向盘轴线与转向器输入轴轴线不重合，因此也常设万向传动装置。

三、万向传动装置的基本组成

万向传动装置主要由万向节、传动轴等构成，如图 2-184 所示。对于传动距离较远的分段式传动轴还要加装中间支承。目前，汽车多采用 2~4 段分段式传动，缩短传动轴长度，这样有利于因传动轴过长而使自振频率降低，避免共振的产生。

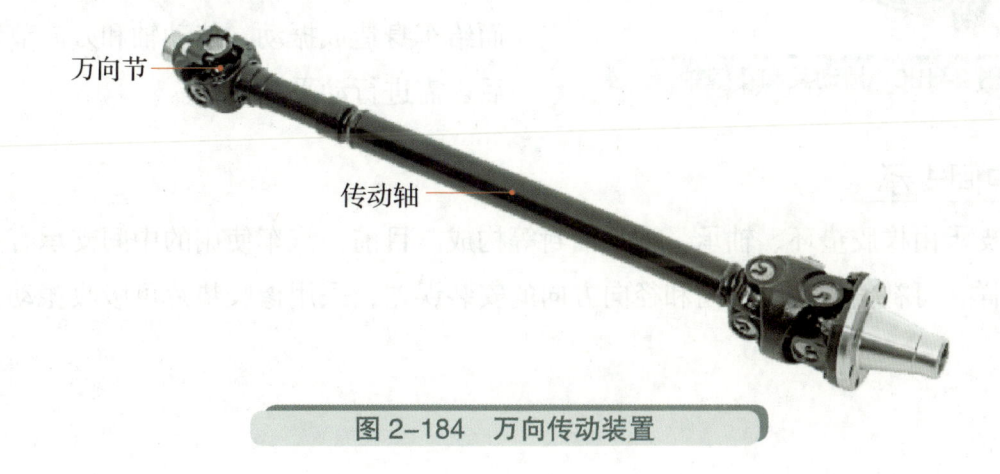

图 2-184 万向传动装置

四、万向传动装置主要元件构造及工作原理

1. 万向节

目前，汽车通常采用的是刚性不等速十字万向节。它由十字轴、万向节叉、滚针轴承等构成，如图 2-185 所示。它的优点是：万向节在运动过程中，可以保证在轴向交角（15°~25°）变化时可靠地传动，结构简单，传动效率高。缺点是：单个万向节在输入轴和输出轴之间有夹角时，两轴的角速度不相等。

主、从动轴的不等角速度转动，使万向节和传动轴产生了扭转振动，出现了交变载荷。目前，汽车万向传动装置采用的是两个以上的万向节，依运动学分析可知，第二个万向节的不等速性在一定的特殊条件下可抵消第一个万向节的不等速性。

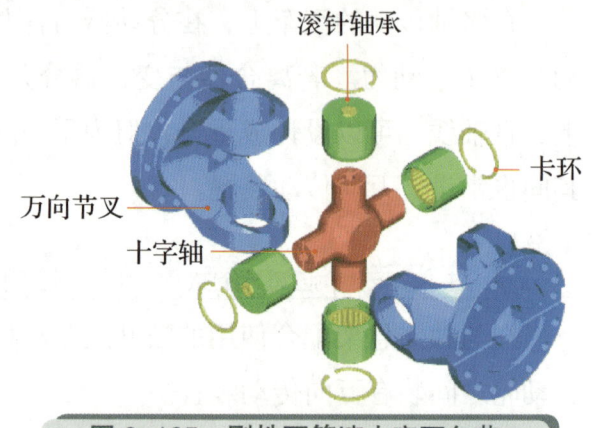

图 2-185 刚性不等速十字万向节

实现万向节等角速转动的方法有两种：轴间夹角，但是目前使用的汽车很难达到这个标准，我们只能使两夹角尽量接近，使传动轴的不等速性尽量缩小；第一个万向节传动叉与第二个万向节主动叉处于同一平面，这个条件完全可以达到。目前，主要依靠这种方法来抵消不等速转动。

2. 传动轴

传动轴是传动装置的主要传力部件，为避免因驱动桥位置移动造成对传动轴的运动干涉，设有滑动叉和花键轴，如图 2-186 所示，以实现传动轴长度的变化。为了获得较高的强度和刚度，传动轴多做成空心的，由无缝钢管做成。为减小传动轴因高速旋转产生的离心力而给车身造成振动，传动轴和万向节装配完成后，需进行动平衡测试。

图 2-186 滑动叉和花键轴

3. 中间支承

中间支承由橡胶垫环、轴承、轴承油封等构成。目前，汽车使用的中间支承有一定的位移量，这样，可补偿传动轴轴向和径向方向的安装误差，采用橡胶垫片可吸收振动，减小传动噪声。

相关技能

1. 实训内容

传动轴的检查。

2. 准备工作

拆装工具一套。

3. 注意事项

（1）明确操作规范和职责范围，预防潜在危险。

（2）实践操作过程中保持场地卫生及安全，不嬉戏打闹。

（3）在使用举升机的过程中应将保险设置好后再开始工作。

（4）使用维修手册时，要注意避免破损，手册与使用车型相对应。

4. 操作步骤

1）传动轴有"嗡嗡"的响声

这类响声同主、被动齿轮出现点蚀的声音相似，这样就极易造成传动轴问题被当作主、被动齿轮点蚀问题来排除，不但花费时间，也花费了人力、物力。

下面介绍两种方法来判断此类异响：

（1）询问用户异响出现的时间及音量变化情况（主、被动齿轮异响相对传动轴异响而言为突然异响，随使用时间的增长，音量从小到大，空载与载货异响无明显变化；而传动轴异响，是在用户改变原车装配关系后产生的，即空载异响明显，重载减轻）。

（2）用手触摸各万向节的温度。若异响是因主、从动轴轴间夹角过大，造成万向节各部位严重摩擦而产生的，这样产生异响的万向节温度就比其他万向节温度高。

2）传动轴有"唰唰"的异响

这类异响同传动轴承缺油或憋劲的响声相似，出现这类响声，可先给各黄油嘴注满润滑脂，若响声未消除，则为轴承缺油；反之，则必须检查中间支承是否憋劲（传动轴轴心与中间支承轴承中心不在同一条线上），憋劲的轴承摩擦大，温度高，黄油从油封处向外流出。

从变速器和驱动桥的装配位置来看，变速器在上，驱动桥在下，要将两者用传动轴连接起来，就需要一个过渡的斜面。中间支承是固定在这个斜面上的，要使中间支承轴承不憋劲，就必须要达到前低后高的中间支承吊架，保证传动轴轴心与中间支承轴承中心在同一条中心线上。

3）车身振动

引起车身振动的原因很多，只要是车身上旋转的部件，都可能引起车身振动。要快速判断此故障，我们可将后桥半轴抽出，发动汽车，加速到车身振动的转速，若车身平稳，则故障在前桥和轮胎。若故障出现，可分别采用空挡、拆传动轴等方法，对发动机、离合器、变速器逐个进行排除。这样，既能节省故障排除时间，也能提高故障诊断的准确性。

若属于传动轴引起的车身抖动，这就需要检测传动轴的平衡量和弯曲量。但在检测传动轴平衡量时，我们必须区别出传动轴是高速、中速还是低速振动。目前，采用以低速校正为主，高速检测为辅。由于凸缘、凸缘叉、传动轴等内部材质紧密或疏松导致的材质不均匀，校正传动轴时出现低速平衡而高速不平衡的问题或相反的情况。这就需要我们选定一个转速为主要校正点，其余转速点为辅。同时，还需要注意，由于校准是在传动轴两端同时进行的，这就会出现不同的转速下，平衡值变化量出现不同的情况。

4）起步或行驶中车速变换时有异响

出现此类异响主要是万向节十字轴磨损或滚针破碎，滑动叉与花键配合松旷或中间支承松动、紧固螺栓松动等引起的。

5. 技能总结

任务五　驱动桥的检修

任务目标

完成本学习任务后，学生在基础知识和基本技能方面应达到以下要求。

知识目标

（1）了解驱动桥的作用。

（2）掌握主减速器、差速器的工作原理。

能力目标

（1）会正确拆装差速器。

（2）会调整半轴齿轮与行星齿轮间隙。

任务引入

汽车驱动桥一般由主减速器、差速器、半轴、桥壳等组成，是传动系统最后一个总成。驱动桥常见的故障有正反转噪声、正反转点响、齿轮早期磨损、油封漏油、主减速器与桥壳结合面密封不严导致漏油、焊缝漏油、轴承异响、差速失灵、停车异响等。

相关知识

一、驱动桥的作用

驱动桥的作用是将万向传动装置传来的发动机转矩传给驱动车轮，并经降速增大转矩、改变动力传动方向，使汽车行驶，而且允许左、右驱动车轮以不同的转速旋转。

二、驱动桥的基本组成

驱动桥由主减速器、差速器、半轴和驱动桥壳等组成。经万向传动装置传来的输入扭矩传到主减速器，通过一对圆锥伞齿轮扭矩得到放大，同时，旋向也得到改变。随后，经差速器分配给左右两半轴，最终通过半轴外端的凸缘盘传至驱动轮的轮毂。轮毂借轴承支承在半轴套管上。驱动桥壳经悬架弹性元件与车架相连，限制了整个驱动桥的横向移动，因此，这种驱动桥被称之为整体式驱动桥，又称非断开式驱动桥，如图2-187所示。

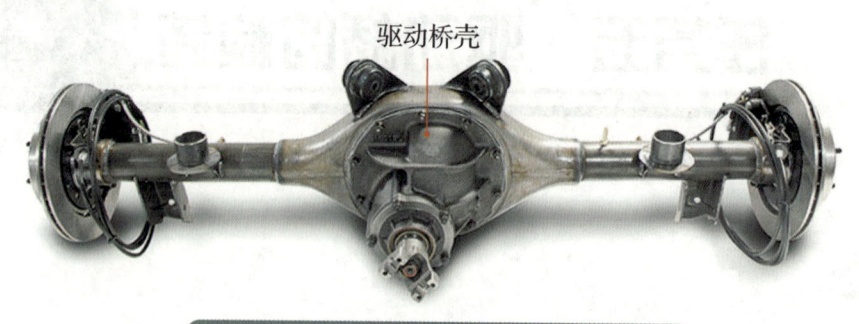

图2-187 非断开式驱动桥的结构

为了提高汽车的行驶平顺性、操纵稳定性和通过性，许多轿车和越野车辆的驱动轮采用了独立悬架，即将左右两驱动车轮分别用弹性元件与车架相连，彼此可以相对于车架独立地跳动。这种驱动桥采用了断开式驱动桥的结构，如图2-188所示，即将主减速器壳固定于车架上，两半轴以万向传动装置分别与左右车轮相连，以适应车轮绕摆臂轴上下跳动的需要，车轮通过悬架的导向与弹性元件和车架相连。

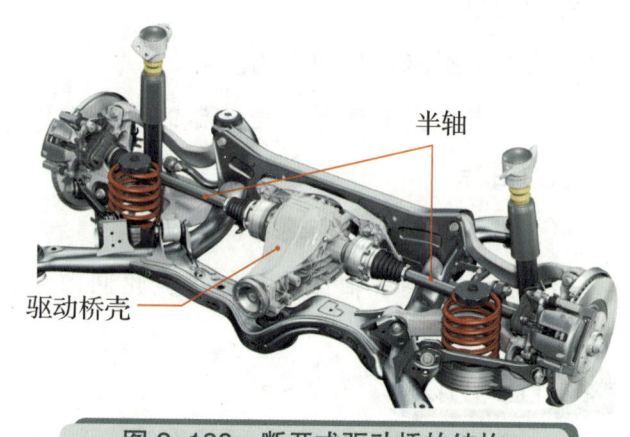

图2-188 断开式驱动桥的结构

三、驱动桥主要元件构造及工作原理

1. 主减速器

主减速器由一对大小啮合斜齿轮构成，小齿轮与输出轴制成一体，大齿轮由铆钉与差速器的外壳连在一起，如图2-189所示。

其工作原理是：主减速器是在传动系统中起降低转速、增大转矩作用的主要部件，当发动机纵置时还具有改变转矩旋转方向的作用。它是依靠齿数少的齿轮带齿数多的齿轮来实现减速的，采用圆锥齿轮传动则可以改变转矩旋转方向。将主减速器布置在动力向驱动轮分

图2-189 主减速器

流之前的位置，有利于减小其前面的传动部件（如离合器、变速器、传动轴等）所传递的转矩，从而减小这些部件的尺寸和质量。

2. 差速器

差速器的作用是将主减速器传来的动力传给左、右两半轴，并在必要时允许左、右半轴以不同转速旋转，使左、右驱动车轮相对地面纯滚动而不是滑动。

差速器按其工作特性，可分为普通齿轮式差速器和防滑差速器两大类。

1）普通齿轮式差速器

应用最广泛的普通齿轮差速器为锥齿轮差速器。如图 2-190 所示，其由差速器壳体、行星齿轮、行星齿轮轴、半轴齿轮、复合式推力垫片等组成。行星齿轮轴装入差速器壳体后用止动销定位。行星齿轮和半轴齿轮的背面制成球面，与复合式推力垫片相配合，以减少摩擦。螺纹套用于紧固半轴齿轮。差速器通过一对圆锥滚子轴承支承在变速器壳体中。

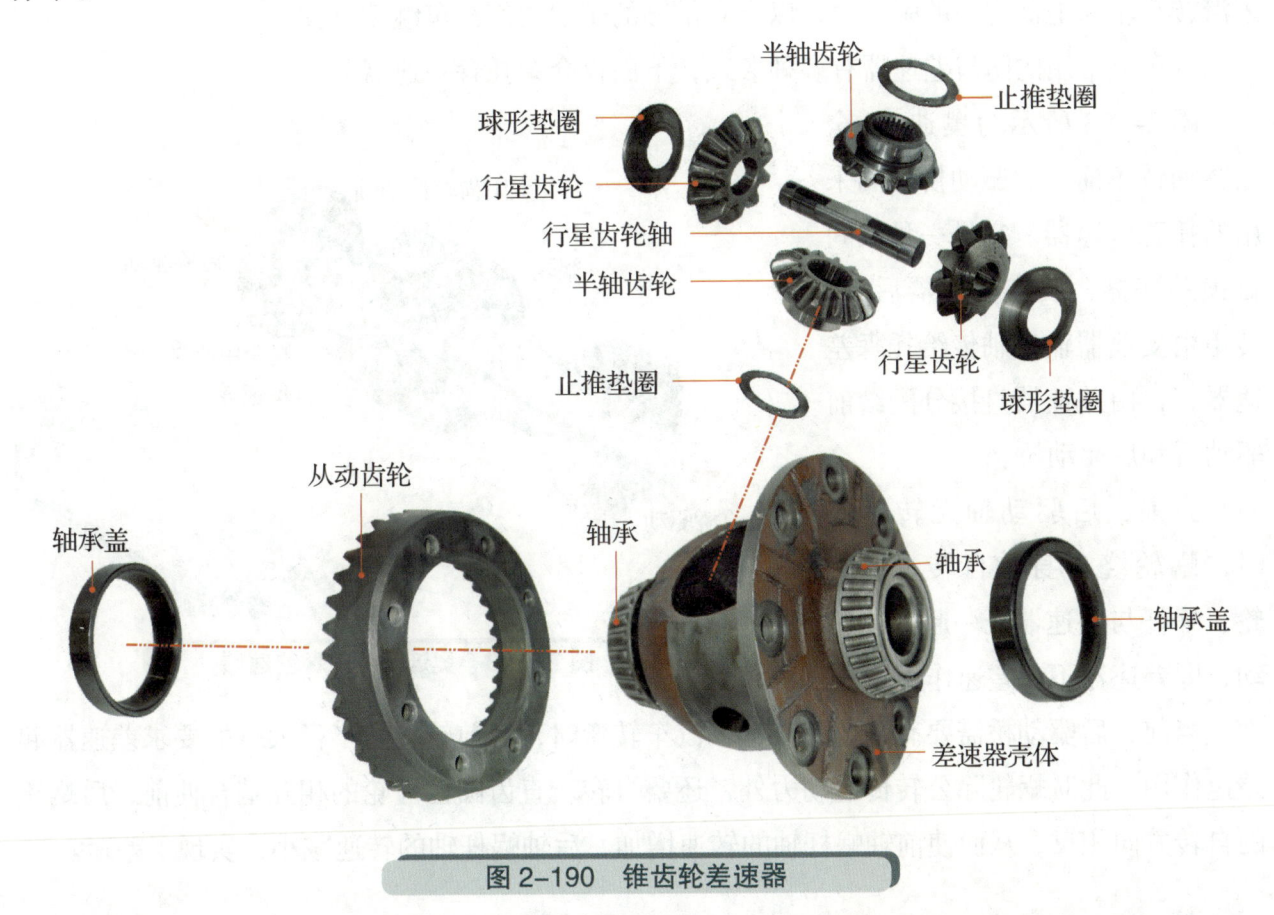

图 2-190 锥齿轮差速器

差速器的工作原理如图 2-191、图 2-192 所示。主减速器传来的动力带动差速器壳（转速为 n_0）转动，经过行星齿轮轴、行星齿轮、半轴齿轮、半轴（转速分别为 n_1 和 n_2），最后传给两侧驱动车轮。

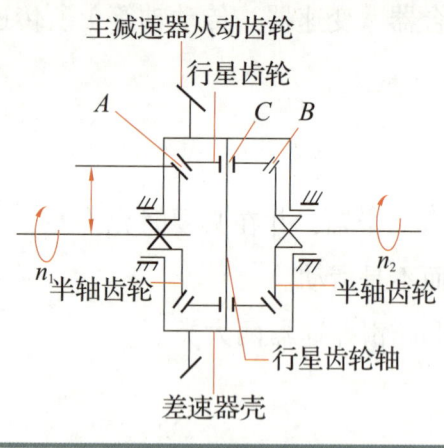

图 2-191　差速器运动原理图

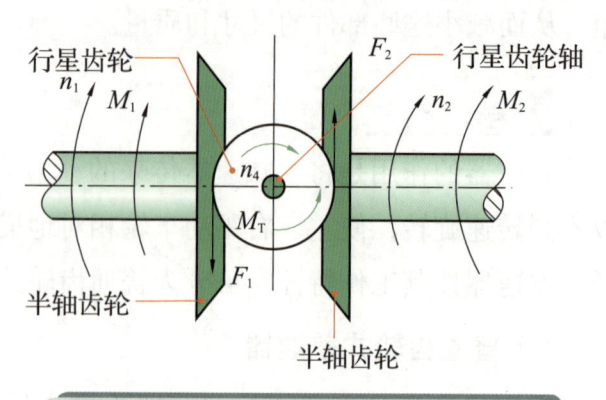

图 2-192　差速器转矩分配示意图

2）防滑差速器

为了提高汽车通过坏路面的能力，可采用防滑差速器。当汽车某一侧驱动轮发生滑转时，差速器的差速作用即被锁止，并将大部分或全部转矩分配给未滑转的驱动轮，充分利用未滑转车轮与地面之间的附着力，以产生足够的牵引力使汽车继续行驶。

汽车上常用的防滑差速器有多种形式，下面仅介绍托森差速器。

图 2-193 所示为奥迪 A4 全轮驱动轿车前、后驱动桥之间采用的托森差速器。它是一种轴间自锁差速器，装在变速器后端。转矩由变速器输出轴传给托森差速器，再由差速器直接分配给前驱动桥和后驱动桥。

当前、后驱动轴无转速差时，蜗轮绕自身轴自转。各蜗轮、蜗杆与差速器壳一起等速转动，即差速器不起差速作用。

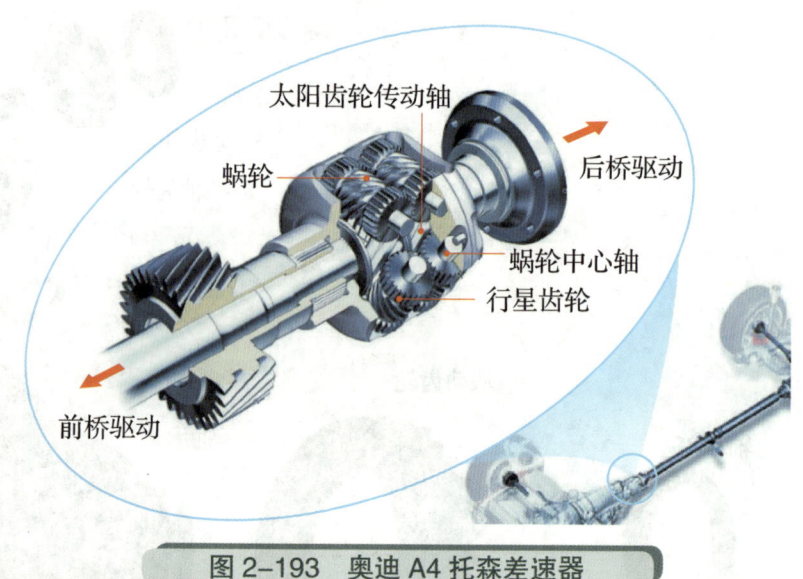

图 2-193　奥迪 A4 托森差速器

当前、后驱动桥需要有转速差时，如汽车转弯时，因前轮转弯半径大，故要求差速器起差速作用。此时蜗轮除公转传递动力外，还要自转。直齿圆柱齿轮的相互啮合使前、后蜗轮的自转方向相反，从而使前轴蜗杆轴的转速增加，后轴蜗杆轴的转速减小，实现了差速。

3. 半轴及桥壳

1）半轴

半轴是在差速器与驱动轮之间传递动力的实心轴，其内端用花键与差速器的半轴齿轮连接，而外端则用凸缘与驱动轮的轮毂相连，半轴齿轮的轴颈支承于差速器壳两侧轴颈的孔内，而差速器壳又以其两侧轴颈借助轴承直接支承在主减速器壳上。半轴与驱动轮的轮毂在桥壳上的支承形式，决定了半轴的受力状况。现代汽车基本上采用全浮式半轴支承和半浮式半轴支承两种形式。

（1）全浮式半轴支承。

全浮式半轴支承广泛应用于各种类型的载货汽车上。图2-194所示为全浮式半轴支承。半轴外端锻出凸缘，借助螺栓和轮毂连接。轮毂通过两个相距较远的圆锥滚子轴承支承在半轴套管上。半轴套管与驱动桥壳压配，组成驱动桥壳总成。采用这样的支承形式，半轴与桥壳没有直接联系。全浮式半轴支承便于拆装，只需拧下半轴凸缘上的轮毂螺栓，即可将半轴抽出，而车轮和桥壳照样能支承住汽车。

（2）半浮式半轴支承。

图2-195所示为半浮式半轴支承。半轴外端制成锥形，锥面上铣有键槽，最外端制有螺纹。轮毂以其相应的锥孔与半轴上锥面配合，并用键连接，用锁紧螺母紧固。半轴用一个圆锥滚子轴承直接支承在桥壳凸缘的座孔内。车轮与桥壳之间无直接联系，而支承于悬伸出的半轴外端。因此，地面作用于车轮的各种反力都须经半轴外端的悬伸部分传给桥壳，使半轴外端不仅要承受转矩，还要承受各种反力及其形成的弯矩。半轴内端通过花键与半轴齿轮连接，不承受弯矩。这种支承形式结构简单，广泛应用于反力和弯矩较小的各类轿车上。

图2-194 全浮式半轴支承

图2-195 半浮式半轴支承

2）桥壳

驱动桥壳可分为整体式桥壳和分段式桥壳两种类型。整体式桥壳一般是铸造，具有较大的强度和刚度，且便于主减速器的拆装和调整，广泛用于轿车或轻型货车上，如图2-196所示。

分段式桥壳一般分为两段，由螺栓将两段连成一体。分段式桥壳最大的缺点是拆装、维修主减速器、差速器不方便，必须把整个驱动桥从车上拆下，目前已很少使用。

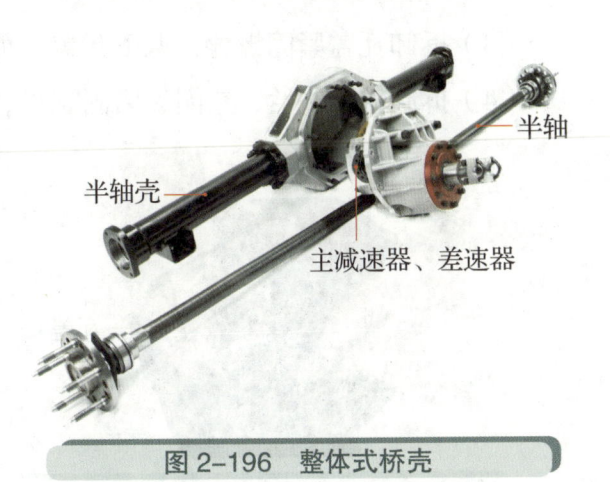

图2-196 整体式桥壳

相关技能

1. 实训内容

差速器的检修。

2. 准备工作

（1）拆装工具一套。

（2）塞尺（厚薄规）、磁力表座、百分表各一套。

3. 注意事项

（1）明确操作规范和职责范围，预防潜在危险。

（2）实践操作过程中保持场地卫生及安全，不嬉戏打闹。

（3）在使用举升机的过程中应将保险设置好后再开始工作。

（4）使用维修手册时，要注意避免破损，手册与使用车型相对应。

4. 操作步骤

1）差速器的拆装

（1）拆卸两边半轴输出法兰，如图 2-197 所示。

（2）拆卸后盖紧固螺栓，取下后盖，如图 2-198 所示。

图 2-197　拆卸输出法兰

图 2-198　拆卸后盖紧固螺栓，取下后盖

（3）拆卸瓦盖紧固螺栓，取下瓦盖，如图 2-199 所示。

（4）拆卸输入法兰、垫圈、紧固螺母，如图 2-200 所示。

图 2-199　拆卸瓦盖紧固螺栓

图 2-200　拆卸输入法兰、垫圈、紧固螺母

（5）取出输入法兰油封，如图2-201所示。

（6）取出轴承，如图2-202所示。

图2-201 取出油封

图2-202 取出轴承

（7）取出差速器总成，如图2-203所示。

图2-203 取出差速器总成

2）差速器的检修

（1）齿圈与主动锥齿轮的间隙调整。

用百分表在环齿上进行间隙调整，如图2-204所示。将百分表调零，前后拨动环齿检查间隙，注意百分表所示的间隔量。如间隙大于标准值，放松右侧螺母1个凹口，旋紧左侧螺母1个凹口；如间隙小于允许值，放松左侧螺母1个凹口，旋紧右侧螺母1个凹口。调整螺母位于轴承盖旁边。

（2）半轴齿轮与行星齿轮的间隙调整。

用百分表检查差速器壳内半轴齿轮与行星齿轮的间隙。其间隙一般在0.025~0.152 mm的范围内。如间隙大于最大值时增加垫片；间隙小于最小值时拆下垫片。一般0.05 mm的垫片改变间隙0.025 mm。如图2-205所示。

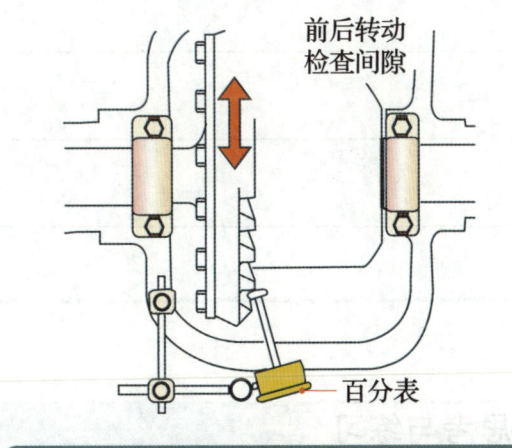

图2-204 检查齿圈与主动锥齿轮的间隙

组装差速器时，必须检查主动锥齿轮的深度，可用各种现有的专用工具或百分表。用垫片调整行星齿轮的位置，要按制造商规定的具体步骤进行。

使用塞尺检查半轴齿轮与变速器壳体的间隙。通常的测量值在 0~0.152 mm。如间隙超过规定值，应更换差速器壳。如图 2-206 所示。

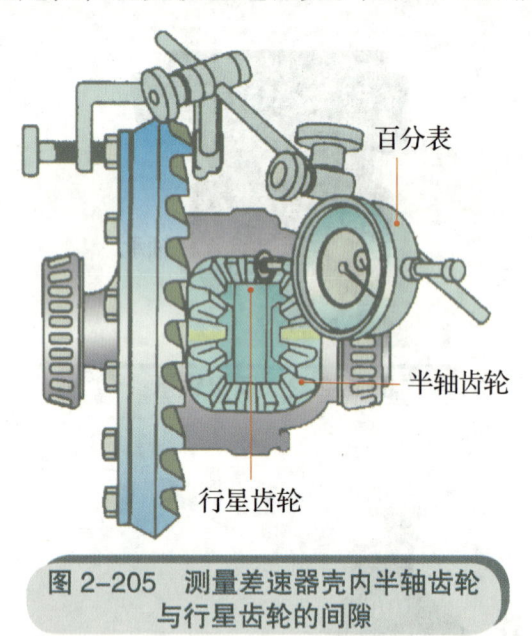

图 2-205　测量差速器壳内半轴齿轮与行星齿轮的间隙

图 2-206　使用塞尺检查半轴齿轮与变速器壳体的间隙

5. 技能总结

思考与练习

一、填空题

1. 离合器操纵机构的作用是_____和_____。
2. 为了减小离合器转动过程中产生的冲击，从动盘应安装有_____。
3. 摩擦式离合器由_____、_____、_____及_____四部分组成。

4. 膜片弹簧离合器由_____、_____、_____和_____等组成。

5. 膜片弹簧是能够产生所需压紧力的_____。

6. 离合器操纵机构主要由_____、_____、_____等组成。

7. 同步器的功用是使接合套与待接合的齿圈二者之间迅速达到_____，并阻止二者在同步前进入_____，从而消除换挡冲击。

8. 常用的惯性同步器有_____、_____两种形式。

9. 半轴是在_____与_____之间传递动力的实心轴。

10. 半轴的支承形式有_____和_____两种。

二、判断题

1. 离合器的主、从动部分常处于分离状态。（ ）
2. 离合器从动部分的转动惯量应尽可能大。（ ）
3. 目前大部分轿车上使用的是摩擦式离合器。（ ）
4. 三轴式变速器设置有输入轴、输出轴和中间轴。（ ）
5. 输入轴也叫作主动轴或者第二轴。（ ）
6. 传动轴两端的连接件装好后，只做静平衡试验，不用做动平衡试验。（ ）
7. 半浮式支承的半轴易于拆装，无须拆卸车轮就可将半轴抽下。（ ）

三、选择题

1. 离合器的主动部分包括（ ）。
   A. 飞轮   B. 离合器盖   C. 压盘   D. 摩擦片

2. 膜片弹簧离合器的膜片弹簧起到（ ）的作用。
   A. 压紧弹簧   B. 分离杠杆   C. 从动盘   D. 主动盘

3. 两轴式变速器主要应用在（ ）的中、轻型轿车上。
   A. 前置前驱   B. 前置后驱   C. 中置后驱   D. 全轮驱动

4. 当滑块位于（ ）时，接合套与锁环进入啮合。
   A. 锁环缺口的中央位置   B. 锁环缺口的两边位置
   C. 任何位置   D. 锁环缺口之外位置

5. 目前轿车上采用较多的同步器是（ ）。
   A. 摩擦式同步装置   B. 电控式同步装置
   C. 液控式同步装置   D. 综合式同步装置

6. 当互锁装置失效时，变速器容易造成（ ）故障。
   A. 乱挡   B. 跳挡
   C. 异响   D. 挂挡后不能退回空挡

7. 关于引起万向节松旷的原因，以下说法错误的是（ ）。
   A. 凸缘盘连接螺栓松动   B. 传动轴上的平衡块脱落

C. 万向节主、从动部分游动角度太大　　D. 万向节十字轴磨损严重

8. 汽车后桥主减速器的作用是（　　）。

A. 增大功率　　　B. 增大扭矩　　　C. 增大转速　　　D. 增大附着力

四、问答题

1. 离合器从动盘的作用是什么？
2. 同步器的作用是什么？
3. 差速器在驱动桥中的作用是什么？
4. 驱动桥的作用是什么？

项目三

行驶系统的检修

项目描述

汽车行驶系统是保证汽车安全行驶的一个重要系统。它包括使汽车滚动行驶的车轮、连接车轮的车桥、支承车身的悬架和承受各种载荷的车架等结构总成。汽车行驶系统的状况直接影响汽车的行驶平顺性、操纵稳定性、乘坐舒适性和行车安全性等。本项目就汽车行驶系统来讲解一些常见故障及维修方法。

任务一 车架与车桥的检修

任务目标

完成本学习任务后,学生在基础知识和基本技能方面应达到以下要求。

知识目标

（1）了解车架及车桥的功用。

（2）掌握转向桥的构造。

（3）熟悉车架的类型。

能力目标

（1）会调整前轮前束。

（2）会检查车架及车桥的性能。

任务引入

车架是跨接在各车桥之间的桥梁式结构，是整个汽车的安装基础，车桥则是通过悬架和车架相连。对车架的要求是必须能够使汽车各总成、部件保持正确的相对位置，能够承受地面的动载荷和静载荷。当车架出现异常响声时，不仅影响乘坐舒适性而且会带来安全隐患，一旦出现这种情况应及时前往维修站检查。

相关知识

一、车架的功用

车架是跨接在各车桥之间的桥梁式结构，是整个汽车的安装基础。其功用是安装汽车的各总成和部件，并使它们保持正确的相对位置；承受来自车上和地面的各种静、动载荷。

二、车架的类型和构造

汽车上采用的车架有四种类型：边梁式车架、无梁式车架、中梁式车架和综合式车架。目前汽车上使用较多的是边梁式车架和无梁式车架。

1. 边梁式车架

边梁式车架由两根位于左右两侧的纵梁和若干根横梁组成，如图3-1所示；纵梁与横梁通过铆接或焊接成为一个坚固的刚性构架。

边梁式车架结构具有便于安装驾驶室、车厢和其他总成，便于总成的设计布置，便于改装变形车等突出优点，有利于汽车系列产品的开发，因而被广泛用于载货汽车、大客车和各类特种汽车上。

图 3-1 边梁式车架

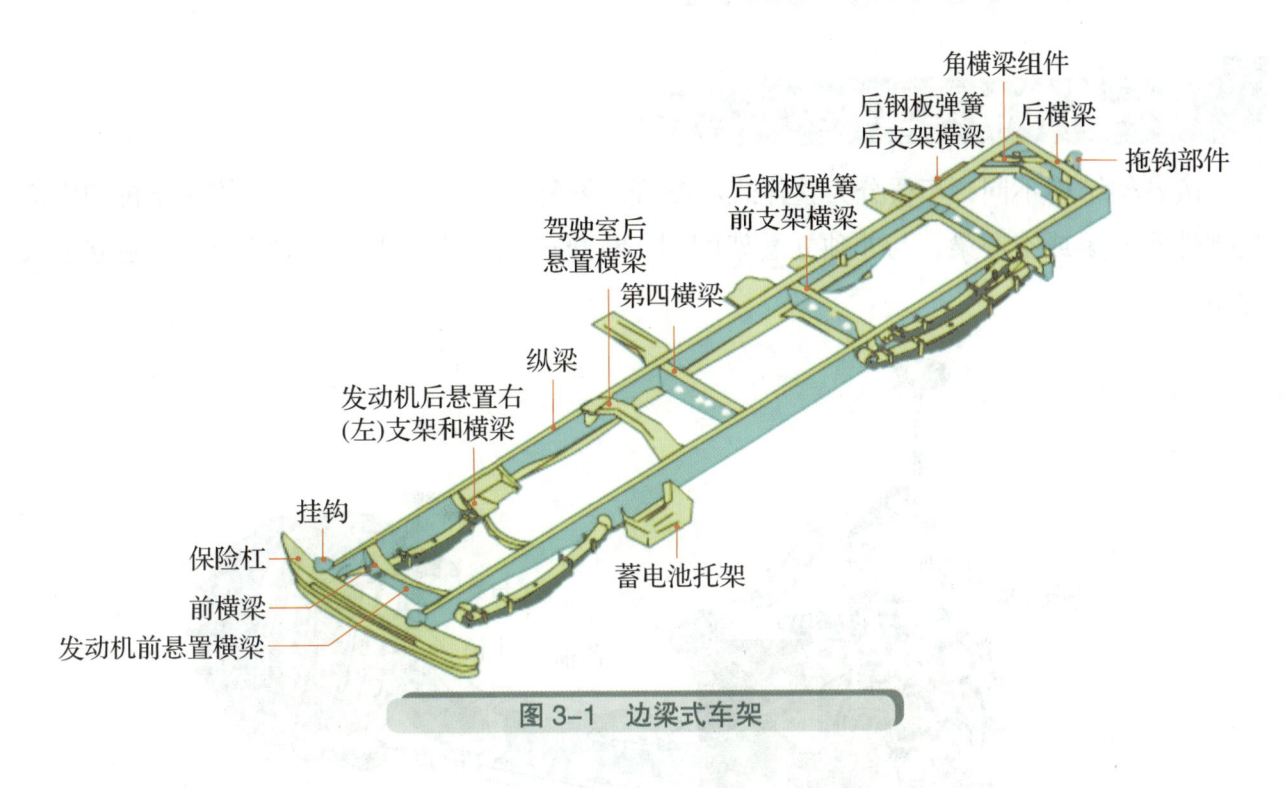

（标注：角横梁组件、后钢板弹簧后支架横梁、后横梁、拖钩部件、后钢板弹簧前支架横梁、驾驶室后悬置横梁、第四横梁、纵梁、发动机后悬置右（左）支架和横梁、挂钩、保险杠、前横梁、发动机前悬置横梁、蓄电池托架）

2. 无梁式车架

目前，大多数轿车都是采用无梁式车身，其结构如图 3-2 所示。

这种车身结构由于没有车架作为车辆承载的基础，而由车身承受整车所受的载荷。因此，其车身结构应具有足够的刚度（弯曲刚度和扭转刚度）和强度。为保证减轻重量的同时车身又有必要的刚度，就要使车身的壳体能有效地承担载荷。另外，车身的底板部分、车前部分、侧围部分和后围部分都要采取结构加强措施，通过加强筋、冲压成满足车身设计要求的各种曲面形状及加设结构加强梁的方式来加强构件的刚度和强度，以使焊装成的整体车身满足车辆的刚度和强度要求。

图 3-2 无梁式车架

3. 中梁式和综合式车架

中梁式车架和综合式车架的结构复杂，加工制造及维修困难，所以目前很少应用。

三、车桥的功用

车桥位于悬架与车轮之间，其两端安装车轮，通过悬架与车架（或车身）相连，其功用是传递车架（或车身）与车轮之间各种载荷。

四、车桥的类型和构造

按悬架结构不同,车桥分为整体式和断开式两种,如图 3-3 所示。整体式车桥的中部是刚性实心梁或空心梁,与非独立悬架配用;断开式车桥为活动关节式结构,与独立悬架配用。

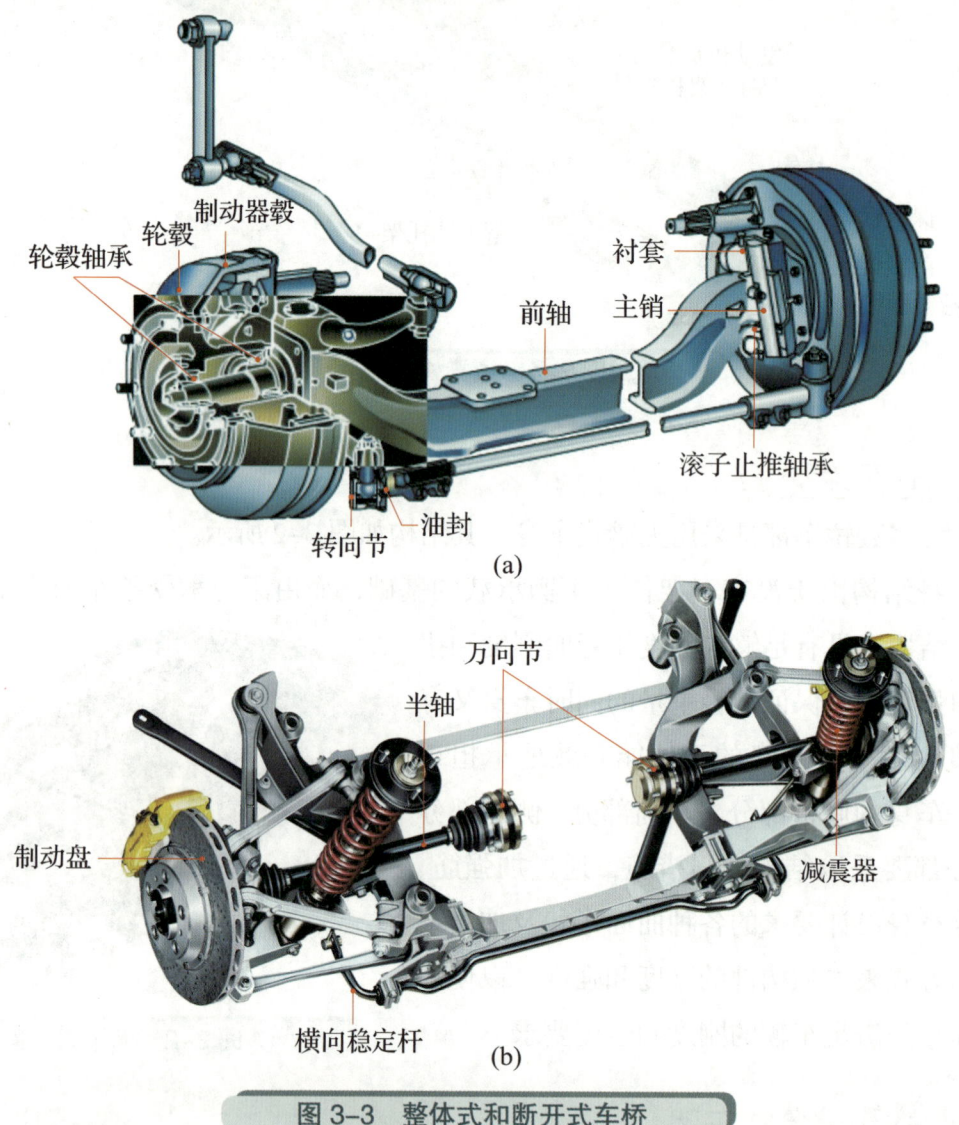

图 3-3 整体式和断开式车桥
(a) 整体式车桥; (b) 断开式车桥

按车桥上车轮的作用不同车桥分为转向桥、驱动桥、转向驱动桥和支持桥四种类型。其中转向桥和支持桥都属于从动桥。

在后轮驱动的汽车中,前桥不仅用于承载,而且兼起转向作用,称为转向桥;后桥不仅用于承载,而且兼起驱动的作用,称为驱动桥。

只起支承作用的车桥称为支持桥。挂车的车桥就是支持桥。支持桥除不能转向外,其他功能和结构与转向桥相同。

1. 转向桥

转向桥通常位于汽车前部，能使装在其两端的车轮偏转一定的角度，以实现汽车转向；同时还要承受车架与车轮之间的作用力及其产生的弯矩和转矩。

各种车型的转向桥结构基本相同，主要由前轴、转向节和主销等组成。

1）前轴

前轴是转向桥的主体，一般由中碳钢经模锻而成。其端面采用工字形断面以提高抗弯强度；接近两端逐渐过渡为方形，以提高抗扭刚度。中部向下弯曲，使发动机位置得以降低，从而降低汽车质心，扩展驾驶员的视野，并减小传动轴与变速器输出轴之间的夹角。

2）转向节

转向节是一个叉形部件，又称"羊角"（图3-4）。上下两叉制有同轴销孔，通过主销与前轴的拳部相连，使前轮可以绕主销偏转一定角度而使汽车转向。为了减小磨损，转向节销孔内压入青铜衬套，衬套上的润滑油槽在上面端部是切通的，用装在转向节上的油嘴注入润滑脂润滑。为使转向灵活轻便，在转向节下耳与前轴拳部之间装有滚子推力轴承。在转向节上耳与拳部之间装有调整垫片，以调整其间的间隙。在左转向节的上耳装有与转向节臂制成一体的凸缘，在下耳则装有与转向梯形臂制成一体的凸缘，此两凸缘上均制有一矩形键，因此在转向节的上、下耳都有与之配合的键槽。转向节即通过矩形键及带有锥形套的双头螺栓与转向节臂及梯形臂相连。

3）主销

如图3-5所示，主销的作用是铰接前轴与转向节，使转向节能绕着主销摆动，以使车轮偏转实现转向。主销的中部切有凹槽，安装时用锥形锁销与它配合，使其固定在前轴的销孔中，防止其相对前轴转动。

图3-4 转向节

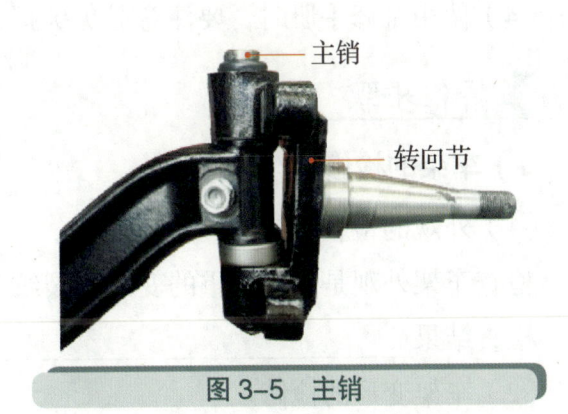

图3-5 主销

2. 转向驱动桥

越野汽车、前轮驱动汽车和全轮驱动汽车的前桥，既起转向桥的作用，又起驱动桥的作用，故称为转向驱动桥。

转向驱动桥如图3-6所示，它同一般驱动桥一样由主减速器、差速器、半轴和桥壳组成。但由于转向时转向车轮需要绕主销偏转一个角度，故与转向轮相连的半轴必须分成内、外两段（内半轴和外半轴），其间用万向节连接，同时主销也因此而分制成两段（或用球头销代替）。转向节轴颈部分做成中空的，以便外半轴穿过其中。

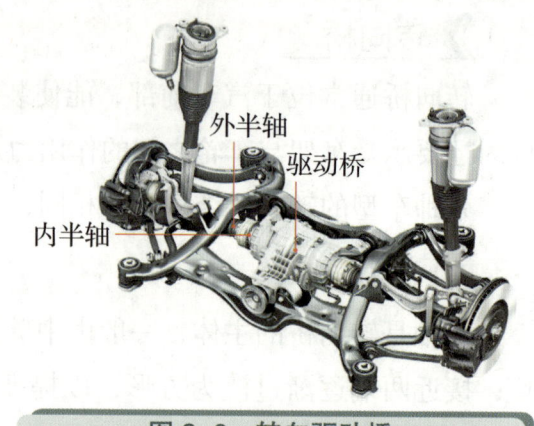

图 3-6 转向驱动桥

相关技能

1. 实训内容

（1）车架的检修。

（2）车桥的检修。

（3）转向轮的定位及调整。

2. 准备工作

（1）轿车一辆。

（2）厚薄规（塞尺）、钣金修复机、拆装工具各一套。

3. 注意事项

（1）明确操作规范和职责范围，预防潜在危险。

（2）实践操作过程中保持场地卫生及安全，不嬉戏打闹。

（3）在使用举升机的过程中应将保险设置好后再开始工作。

（4）使用维修手册时，要注意避免破损，手册与使用车型相对应。

4. 操作步骤

1）车架的检修

（1）外观的检查。

检查车架外观是否有严重的变形、裂纹、锈蚀，螺栓或铆钉松动等现象。

检查结果＿＿＿＿＿＿＿＿＿＿＿＿＿＿＿＿＿＿＿＿＿＿＿＿＿＿＿＿＿＿＿＿＿＿＿＿＿。

（2）车架变形的检修。

车架弯曲、扭曲或歪斜变形超过允许值时，应进行校正。若变形不大，可用专用液压机进行整体冷压矫正。变形严重时，可将车架拆散，对纵、横梁分别进行矫正，然后重新铆合，必要时可采用中性氧化焰或木炭火将变形部位局部加热至暗红色进行热矫正。

⚠ **注意事项**：加热温度不得超过700℃，以免影响车架的性能。

（3）车架裂纹的检修。

车架出现裂纹，应根据裂纹的长短及所在部位的不同，采取不同的修复方法。微小的裂纹可以采用焊修的方法。裂纹较长但未扩展至整个断面，且受力不大的部位，应先进行焊修，再用三角形腹板进行加强，如图3-7所示。

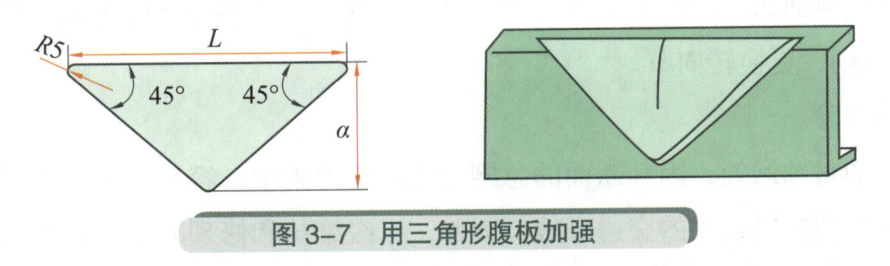

图3-7 用三角形腹板加强

如果裂纹已扩展到整个断面，或虽未扩展到整个断面但在受力较大的部位时，应先对裂纹进行焊修，然后用角形或槽形腹板进行加强，如图3-8所示。加强腹板在车架上的固定可以采用铆接、焊接或铆焊结合的方法。采用铆接方法时，铆钉孔应上下交错排列。采用铆焊结合的方法时，应先铆后焊，以免降低铆接质量。采用焊接方法时，应尽量减少焊接部位的应力集中。

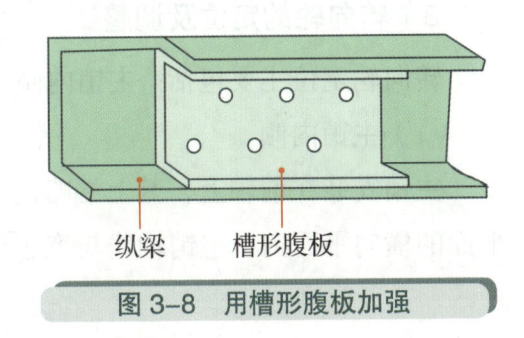

图3-8 用槽形腹板加强

2）车桥的检修

（1）前轴的检修。

①前轴的磨损。

钢板弹簧座平面磨损大于2 mm，定位孔磨损大于1 mm，堆焊后加工修复或更换新件。

承孔与主销的配合间隙：轿车不大于0.10 mm，载货汽车不大于0.20 mm。磨损超过极限，可采用镶套法修复。

②前轴变形的检修。

前轴变形的检验：用试棒和角尺检验，如图3-9所示。如果试棒与角尺之间存在间隙 a，表明前轴存在垂直方向的弯曲变形。

前轴变形的校正：前轴变形校正必须在钢板弹簧座和定位孔、主销孔磨损修复进行，以便减少检验、校正的累积误差，提高生产率。一般采用冷压校正法。

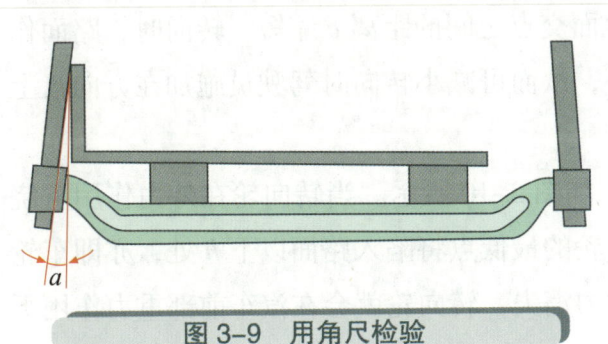

图3-9 用角尺检验

（2）转向节的检修。

①磨损的检修。

转向节轴磨损的检修。轴颈与轴承的配合间隙：轴颈直径不大于40 mm时，配合间隙为0.040 mm；轴颈直径大于40 mm时，配合间隙为0.055 mm。转向节轴颈磨损超标后应更换新件。

转向节轴锁止螺纹的检验。损伤不多于 2 牙。锁止螺母只能用扳手拧入，若能用手拧入，说明螺纹中径磨损松旷，应予以修复或更换转向节。

转向节上面的锥孔检验。与转向节臂等杆件配合的锥孔的磨损，应使用厚薄规（塞尺）进行检验，其接触面积不得小于 70%，与锥孔配合的锥颈的推力端面沉入锥孔的沉入量不得小于 2 mm。否则，更换转向节。

②隐伤的检验。

转向节的油封轴颈处，因其断面的急剧变化，应力集中，容易产生疲劳裂纹，以致造成转向节轴疲劳断裂酿成重大的交通事故。因此，二级维护和修理时必须对转向节轴进行隐伤检验，一旦发现疲劳裂纹，只能更换，不许焊修。

3）转向轮的定位及调整

转向轮定位主要包括：主销内倾、主销后倾、车轮外倾和前轮前束四个参数。

（1）主销内倾。

主销安装在前轴上，其上端略向内侧倾斜，这种现象称为主销内倾。在垂直于汽车支承平面的横向平面内，主销轴线与汽车支承线之间的夹角 β 称为主销内倾角，如图 3-10 所示。

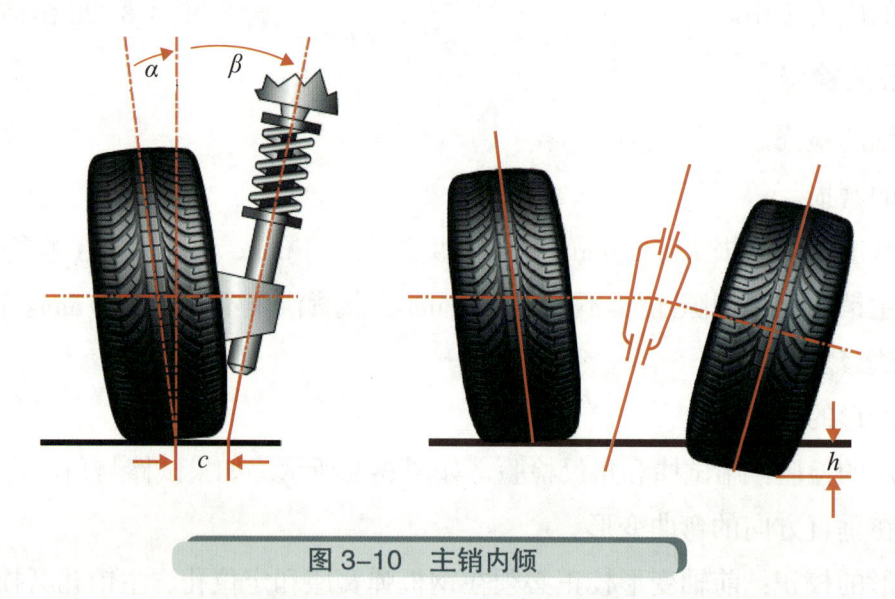

图 3-10 主销内倾

主销内倾具有使转向轮转向操纵轻便的作用，如图 3-10 所示。由于主销内倾，使主销轴线的延长线与地面的交点至车轮中心平面与地面交点之间的距离 c 缩短。转向时，路面作用在转向轮上的阻力对主销轴线产生的力矩减小，从而可减小转向时驾驶员施加在方向盘上的力，使转向操纵轻便。

主销内倾还具有使转向轮自动回正的作用，如图 3-10 所示。当转向轮在外力作用下绕主销旋转而偏离中间位置时，由于主销内倾，车轮的最低点将陷入路面以下 h 处，亦即车轮连同整个汽车前部被向上抬起相应高度。一旦外力消失，转向轮就会在汽车前部重力作用下自动回正到旋转前的中间位置。主销内倾角越大、转向轮偏转角越大，汽车前部抬起越高，转向轮自动回正的作用就越大。

主销内倾角既不宜过大，也不宜太小。一般不大于 8°，偏置一般为 40~60 mm。

整体式转向桥的主销内倾角是在制造前轴时将销孔轴线上端向内倾斜而获得的，所以是不可调的。

（2）主销后倾。

主销安装在前轴上，其上端略向后倾斜，这种现象称为主销后倾。在垂直于汽车支承平面的纵向平面内，主销轴线与汽车支承平面垂线之间的夹角 γ 称为主销后倾角，如图 3-11 所示。

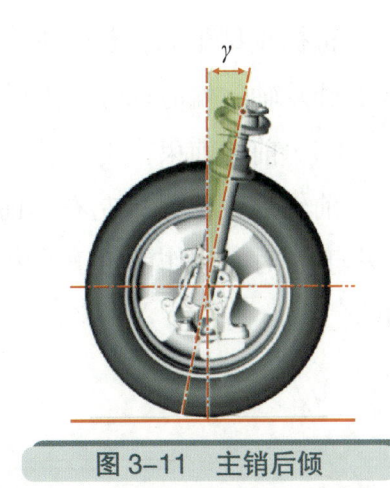

主销后倾的作用是形成回正力矩，保证汽车直线行驶的稳定性，并使偏转的车轮自动回正。

主销后倾角越大、车速越高，回正力矩越大，转向轮偏转后自动回正的能力也越强。但主销后倾角也不宜过大，一般取 γ < 3°。

主销后倾角一般是将前轴连同悬架安装在车架上时，使前轴向后倾斜而形成的，一般不可调。

图 3-11　主销后倾

（3）车轮外倾。

转向轮安装在转向节上时，其旋转平面上端向外倾斜，这种现象称为转向车轮外倾。车轮旋转平面与垂直于车辆支承面的纵向平面之间的夹角 α 称为车轮外倾角，如图 3-12 所示。

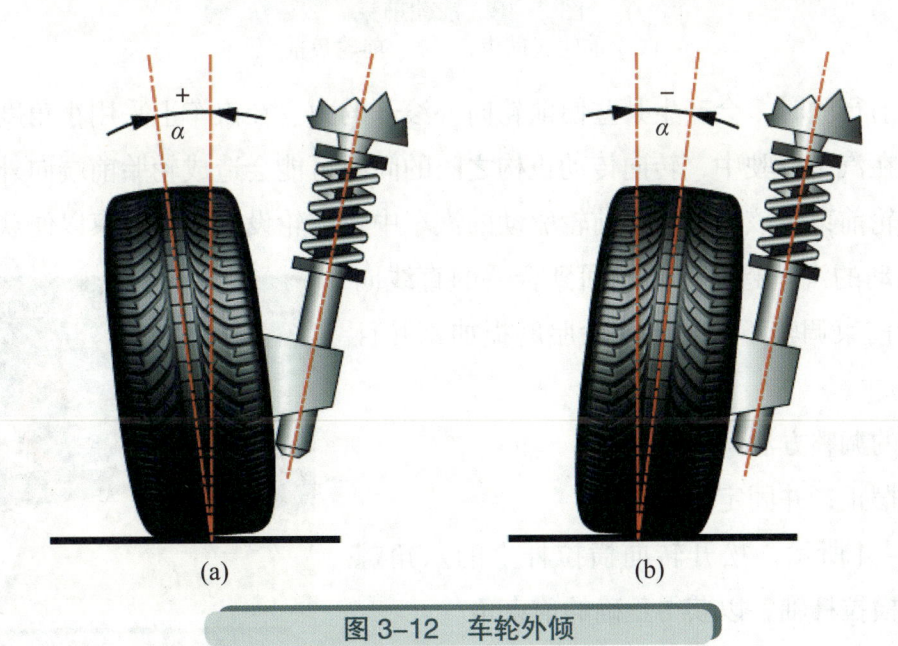

图 3-12　车轮外倾
（a）正外倾；（b）负外倾

车轮外倾角的作用是提高车轮工作的安全性和转向操纵的轻便性。

由于主销与衬套之间、轮毂与轴承等处都存在着装配间隙，若空车时车轮的安装正好垂直于路面，则满载时上述间隙将发生变化，车桥也因承载而变形，从而引起车轮向内倾斜。为此，安装车轮时预先留有一定的外倾角。车轮外倾角不宜过大，否则会使轮胎产生偏磨损。一般车轮外倾角为1°左右。

断开式转向桥的转向轴线内倾以及转向轴线后倾一般由结构来保证，不需要也不能进行调整，但前轮外倾是可以调整的。

根据车型不同，首先进行分析判断，然后进行调整，其调整方法有下列几种：垫片、不同心凸轮轴、偏心球头、大梁槽孔、平衡杆等。

（4）前轮前束。

前轮前束值是指左右两前轮前端水平距离与其后端水平距离之差。如图3-13所示。当 B 小于 A 时，叫作前轮正前束；当 B 大于 A 时，叫作前轮负前束。前轮前束以英寸（in）[①] 为单位。

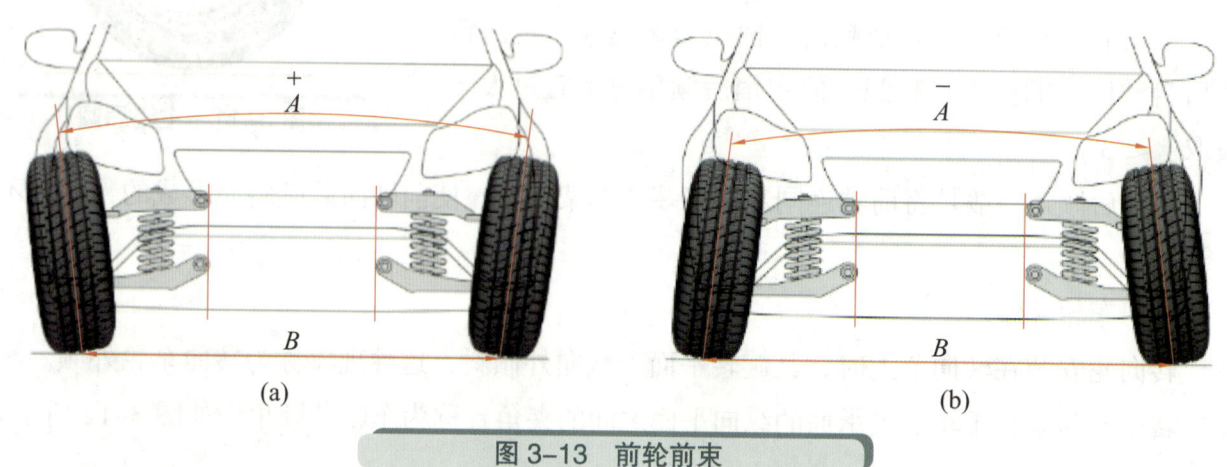

图3-13 前轮前束
（a）前轮正前束；（b）前轮负前束

当汽车向前行驶时，会产生某些使前轮向外滚开的力。在汽车上采用小角度的前束，可抵消这些力。在汽车行驶中，转向传动机构之间的间隙可能会造成轮胎前端向外偏摆。从这一点来说，前轮前束应该为零。在前轮驱动的汽车中，前轮设置成负前束以便获得一些其他的力。前轮驱动的汽车趋于使前轮回到合适的直线向前位置。前轮前束调整不合适会使轮胎磨损加剧并且造成转向困难。

前轮前束的调整方法：

① 将车辆摆正，并固定转向轮。
② 如图3-14所示，松开转向横拉杆上的六角螺母，转动转向横拉杆轴，以获得正确的前束角。
③ 使每个转向横拉杆转过的螺纹数尽量相等。

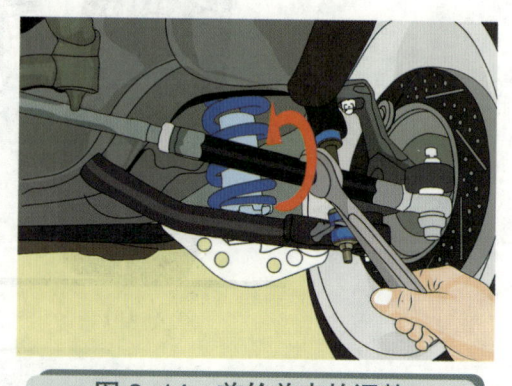

图3-14 前轮前束的调整

---

① 1 in=2.54 cm。

④在上紧锁紧螺母之前，进一步确定转向横拉杆端头是垂直向下的，然后将转向横拉杆端头上的六角螺母上紧至规定力矩，且应确保密封件没有扭曲。

5. 技能总结

任务二　车轮与轮胎的检修

任务目标

完成本学习任务后，学生在基础知识和基本技能方面应达到以下要求。

知识目标

（1）了解车轮及轮胎的分类。

（2）掌握无内胎式轮胎的结构。

（3）熟悉轮胎规格的表示方法。

能力目标

（1）会进行轮胎换位。

（2）会对轮胎做动平衡。

任务引入

汽车的车轮都装有轮胎,把装有轮胎的车轮叫车轮轮胎总成。不含轮胎的部分叫车轮总成,简称车轮。车轮与轮胎的功用:支撑整车;缓和来自路面的冲击力;产生驱动力、制动力和侧向力;产生回正力矩等。

相关知识

一、车轮的功用及分类

1. 车轮的功用

车轮是介于轮胎和车桥之间承受负荷的旋转组件,其功能是安装轮胎,承受轮胎与车桥之间的各种载荷的作用。

车轮是汽车行驶系统的重要部件,其主要功用是:

(1)支撑整车重量。

(2)缓和由路面传递来的冲击载荷。

(3)通过轮胎和路面之间的附着作用为汽车提供驱动力和制动力。

(4)产生平衡汽车转向离心力,以便顺利转向,并通过轮胎产生的自动回正力矩,保持车轮具有良好的直线行驶能力。

2. 车轮的分类

按照轮辐的构造差别,可将车轮分成两种主要形式:辐板式和辐条式。前者因为结构简单、维修方便,而被广泛用于轿车和载货汽车;后者则质量轻,但造价较贵、维修安装不便,仅用于一些高级轿车和赛车。

二、车轮的构造

车轮主要包括轮辋、轮辐和轮毂,如图 3-15 所示。

1. 轮辋

轮辋的功用是安装和固定轮胎。按其结构形式的不同可分为深槽轮辋、平底轮辋和对开式轮辋。

图 3-15 车轮的组成

此外，还有半深槽轮辋、深槽宽轮辋、平底宽轮辋、全斜底轮辋等。

1）深槽轮辋

这种轮辋是整体的，其断面中部为一深凹槽，主要用于轿车及轻型越野汽车（图3-16）。它有带肩的凸缘，用以安放外胎的胎圈，其肩部通常略向中间倾斜，其倾斜角一般是5°。倾斜部分的最大直径即称为轮胎胎圈与轮辋的接合直径。断面的中部制成深凹槽，以便于外胎的拆装。深槽轮辋的结构简单，刚度大，质量较小，对于小尺寸弹性较大的轮胎最适宜。但是尺寸较大又较硬的轮胎，则很难装进这样的整体轮辋内。

2）平底轮辋

这种轮辋的结构形式很多，图3-17所示为货车中常用的一种形式。挡圈是整体的，而用一个开口弹性锁圈来防止挡圈脱出。在安装轮胎时，先将轮胎套在轮辋上，而后套上挡圈，并将它向内推，直至越过轮辋上的环形槽，再将开口的弹性锁圈嵌入环形槽。

3）对开式轮辋

这种轮辋由内外两部分组成，其内外轮辋的宽度可以相等，也可以不相等，二者用螺栓连成一体。拆装轮胎时拆卸螺栓上的螺母即可。图3-18所示中的挡圈是可拆的，有的无挡圈，而由与内轮辋制成一体的轮缘代替挡圈，内轮辋与辐板焊接在一起。这种轮辋主要用于载重量较大的重型货车和大型客车。

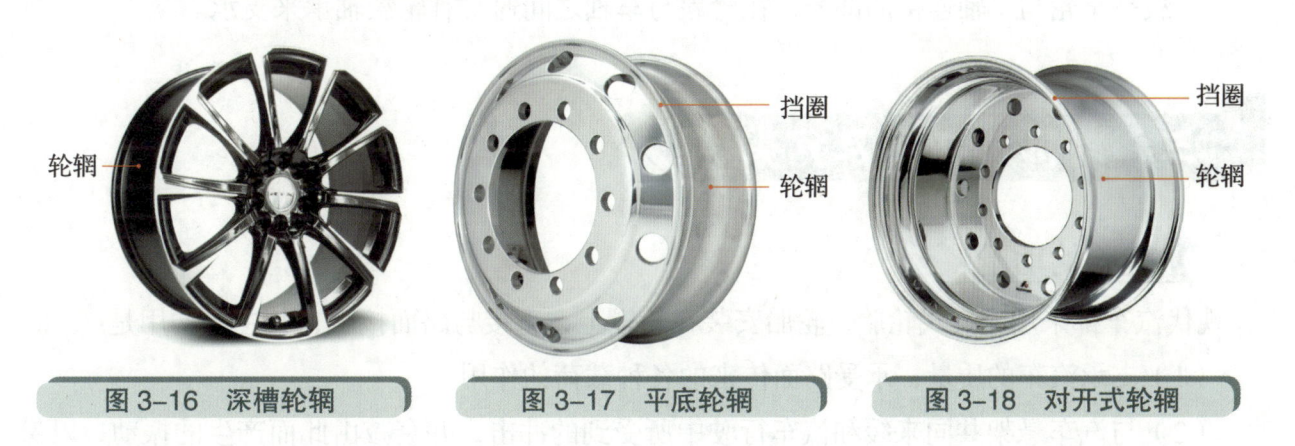

图3-16 深槽轮辋　　图3-17 平底轮辋　　图3-18 对开式轮辋

2. 轮辐

按轮辐结构的不同，可分为辐板式和辐条式两种。

1）辐板式

辐板式轮辐与挡圈、轮辋和气门嘴伸出口共同组成车轮（图3-19）。辐板为钢质圆板，它将轮毂和轮辋连接为一体，大多是冲压制成的，少数与轮毂铸成一体。后者多用于重型汽车上。辐板与轮辋是铆接或焊接在一起的，对于采用无内胎轮胎的车轮，宜采用焊接法，可提高轮辋的密闭性。

图3-19 辐板式轮辐

2）辐条式

按辐条结构的不同，辐条式轮辐又分为钢丝辐条式轮辐和铸造辐条式轮辐，如图 3-20 所示。钢丝辐条式轮辐的结构与自行车轮辐完全一样，由于其价格昂贵、维修安装不便，故仅用于赛车和某些高级轿车上。铸造辐条式轮辐常用于重型货车上，辐条与轮毂铸成一体，轮辋是用螺栓和特殊形状的衬块固定在辐条上，为了使轮辋和辐条很好地对中，在轮辋和辐条上都加工出配合锥面。另外，辐条式轮辐不能与无内胎轮胎组合使用。

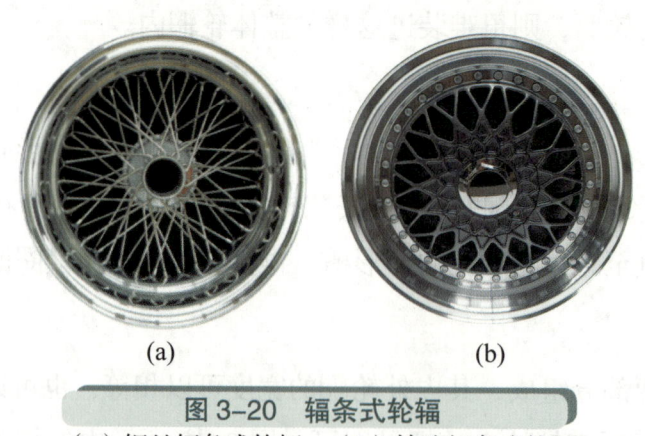

图 3-20　辐条式轮辐
（a）钢丝辐条式轮辐；（b）铸造辐条式轮辐

3. 轮毂

轮毂是车轮与车轴连接的部分，在轮毂与车轴之间通常有轮毂轴承来支承。

三、轮胎的功用及分类

1. 轮胎的功用

现代汽车都采用充气式轮胎，轮胎安装在轮辋上，直接与路面接触，其主要功用是：

（1）支承汽车的质量，承受路面传来的各种载荷的作用。

（2）与汽车悬架共同来缓和汽车行驶中所受到的冲击，并衰减由此而产生的振动，以保证汽车有良好的乘坐舒适性和行驶平顺性。

（3）保证车轮和路面有良好的附着性，以提高汽车的动力性、制动性和通过性。

2. 轮胎的分类

1）按轮胎内空气压力的大小分类

轮胎分为高压胎（0.5~0.7 MPa）、低压胎（0.2~0.5 MPa）和超低压胎（0.2 MPa 以下）三种。低压胎弹性好，减振性能强，壁薄散热性好，与路面接触面积大、附着性好，因而广泛用于轿车。超低压胎在松软路面上具有良好的通过能力，多用于越野汽车及部分高级轿车。

2）按轮胎有无内胎分类

轮胎可分为有内胎式和无内胎式两种。目前轿车上广泛采用无内胎式轮胎（真空胎）。

3）按胎体帘布层结构的不同分类

轮胎可分为斜交轮胎和子午线轮胎。目前，轿车上使用的轮胎基本都是子午线轮胎。

四、轮胎的构造

轮胎通常由外胎、内胎、垫带三部分组成。目前轿车上使用的都是无内胎式轮胎（图3-21），只有极少数使用有内胎式的轮胎。有内胎式轮胎基本上都使用在轻、重型货车上。

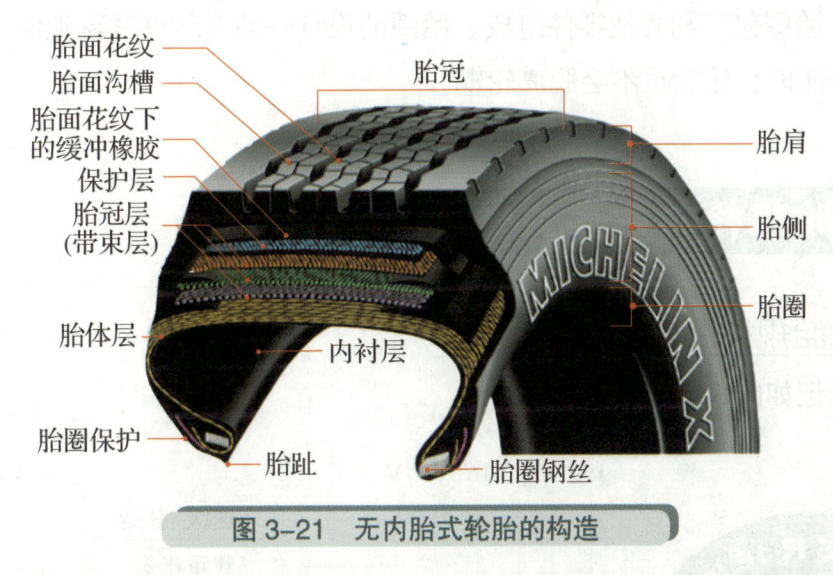

图 3-21 无内胎式轮胎的构造

下面主要以无内胎式轮胎来讲解轮胎的构造。

无内胎式轮胎的外胎主要由胎体、缓冲层（或称带束层）、胎面、胎侧和胎圈组成。外胎断面可分成几个单独的区域，如胎冠区、胎肩区（胎面斜坡）、屈挠区（胎侧区）、加强区和胎圈区。

1. 胎体

胎面直接和路面接触的部分是外胎的外表层，包括胎冠、胎肩、胎侧三部分。

2. 缓冲层

斜交轮胎胎面与胎体之间的胶帘布层或胶层，不延伸到胎圈的中间材料层，用于缓冲外部冲击力，保护胎体，增进胎面与帘布层之间的黏合。子午线结构轮胎的缓冲层由于其作用不同，一般称为带束层。

3. 胎面

胎面是用来防止胎体受机械损伤和早期磨损，向路面传递汽车的牵引力和制动力，增加外胎与路面（土壤）的抓着力，以及吸收轮胎在运行时的振荡。

轮胎在正常行驶时直接与路面接触的那一部分胎面称为行驶面。行驶面的表面由不同形状的花纹块、花纹沟构成，凸出部分为花纹块，花纹块的表面可增大外胎和路面（土壤）的抓着力和保证车辆必要的抗侧滑力。花纹沟下层称为胎面基部，用来缓冲振荡和冲击。

4. 胎侧

胎侧是轮胎侧部帘布层外层的胶层，用于保护胎体。

5. 胎圈

胎圈是直接和轮辋接触的部分，胎圈把轮胎附在轮辋上，在接口处包覆帘布。胎圈由胎圈钢丝、胎圈、胎圈包布和其他零件组成。胎圈的设计一般是能够紧凑地绕着轮辋，并保证万一气压突然膨胀时，轮胎也不会脱离轮辋。

五、轮胎规格的表示方法

1. 轿车轮胎规格的表示

轮胎规格标记如图3-22所示。

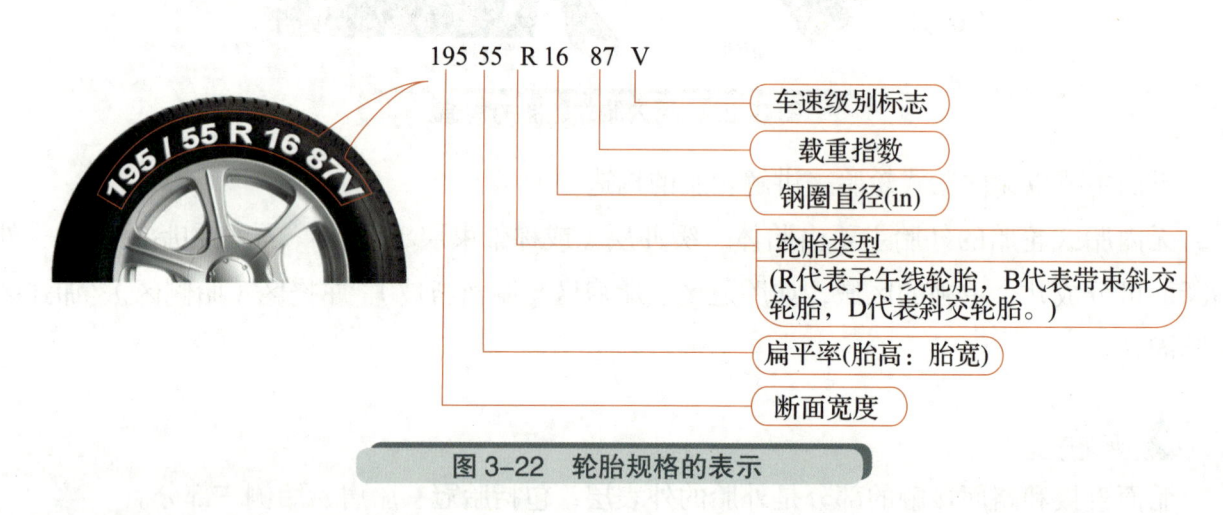

195 55 R 16 87 V
- 车速级别标志
- 载重指数
- 钢圈直径(in)
- 轮胎类型（R代表子午线轮胎，B代表带束斜交轮胎，D代表斜交轮胎。）
- 扁平率(胎高：胎宽)
- 断面宽度

图3-22 轮胎规格的表示

2. 轿车轮胎扁平率的计算

轮胎断面高度 H 与宽度 B 之比以百分比表示，称为轮胎的扁平率，如图3-23所示。扁平率对轮胎的性能有很大影响，扁平率较大的轮胎在颠簸的路面上有较好的舒适性；而扁平率较小的轮胎与路面有较大的接触面积，具有较大的胎壁刚度，因此在硬质路面上有更好的附着力和敏锐的反应，但舒适性较低。

扁平率的计算公式为：扁平率 $= H/B \times 100\%$

图 3-23　轮胎的扁平率表示法

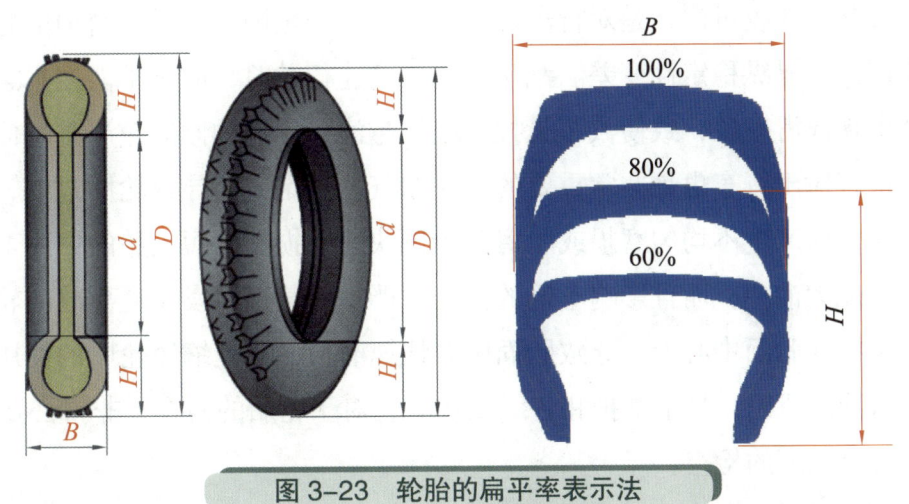

D—外胎外径；*d*—轮胎内径；*H*—轮胎断面高度；*B*—轮胎断面宽度

相关技能

1. 实训内容

（1）轮胎的检查。

（2）轮胎的拆装。

（3）轮胎的动平衡。

（4）轮胎的换位。

（5）轮胎常见故障诊断。

2. 准备工作

（1）轿车一辆。

（2）维修手册、轮胎动平衡仪、轮胎拆装机和拆装工具。

3. 注意事项

（1）明确操作规范和职责范围，预防潜在危险。

（2）实践操作过程中保持场地卫生及安全，不嬉戏打闹。

（3）在使用举升机的过程中应将保险设置好后再开始工作。

（4）使用维修手册时，要注意避免破损，手册与使用车型相对应。

4. 操作步骤

1）轮胎的检查

轮胎的检查主要是检查轮胎磨损程度和轮胎气压，轮胎磨损程度的检查包括胎面花纹深度的检查和轮胎异常磨损的检查。

轮胎磨损过甚，花纹过浅，是对行车影响很大的不安全因素。过度磨损的轮胎，除容易爆破外，还会使汽车操纵稳定性变差。汽车在雨中高速行驶时，由于不能把水全部从胎下排出，轮胎将会出现浮滑现象，致使汽车失控。花纹越浅，浮滑的倾向越严重。而轮胎（包括备胎）气压的检查对于行车也是非常重要的。轮胎气压不足，会导致轮胎过热，并因轮胎的接地面积不均匀，而产生不均匀磨损或胎肩和胎侧快速磨损，缩短轮胎的使用寿命，同时会增加滚动阻力、加大油耗，而且影响车辆的操控，严重时甚至引发交通事故。轮胎气压过高则使车身重量集中在胎面中心上，导致胎面中心快速磨损，不但缩短轮胎的使用寿命，而且降低车辆的舒适性。所以，日常维护和各级维护时，对于轮胎的检查是非常必要的。

（1）胎面花纹深度的检查。

胎面磨耗标志或称防滑标记，即是稍微高出胎面花纹沟槽底部的凸台。随着轮胎行驶里程的增加、轮胎磨损、花纹沟槽变浅，此时露出凸台，说明轮胎花纹即将磨尽，若不更换，可能造成行驶中轮胎打滑，引发交通事故。因此，为了便于检查轮胎的磨损，通常在磨耗标志对应的胎肩处标出"TWI"或者"△"等符号，每条轮胎应沿周向等距离地设置不少于4个。

（2）轮胎异常磨损的检查。

检查轮胎的异常磨损，可以发现故障的早期征兆和原因，以便及时排除影响轮胎寿命的不良因素，防止早期磨损和损坏。具体内容见下面的轮胎常见故障诊断。

（3）轮胎气压的检查。

轮胎气压可用气压表进行检查。

> ⚠ **注意事项**：不同的车辆，轮胎的气压值也不同，检查时应参看相应车辆的维修手册。一般轿车前轮的胎压为 0.22 MPa，后轮的胎压为 0.25 MPa，即平时常说的前轮 2.2 个标准大气压，后轮 2.5 个标准大气压。

2）轮胎的拆装

（1）轮胎拆装前的注意事项。

①拆装轮胎要在清洁、干燥、无油污的地面上进行。

②拆装轮胎要用专用工具，不允许用大锤敲击或其他尖锐的工具拆胎。

③注意子午线轮胎胎圈部分的完好。

④对于有内胎的汽车在内胎装入外胎前，须紧固气门嘴，以防漏气，并在外胎内部和垫带上涂上滑石粉。

⑤气门嘴的位置应装在轮辋气门嘴孔中。胎侧有平衡标记的，标记应在与气门嘴相对的位置上，以便于平衡。轮辋上有平衡块的，应用动平衡机进行平衡调整。

⑥安装有向花纹的轮胎，应注意滚动方向的标记。拆装子午线轮胎应做记号，使安装后的子午线轮胎滚动方向保持不变。

（2）子午线轮胎的拆装步骤。

轮胎拆装机的结构如图3-24所示。

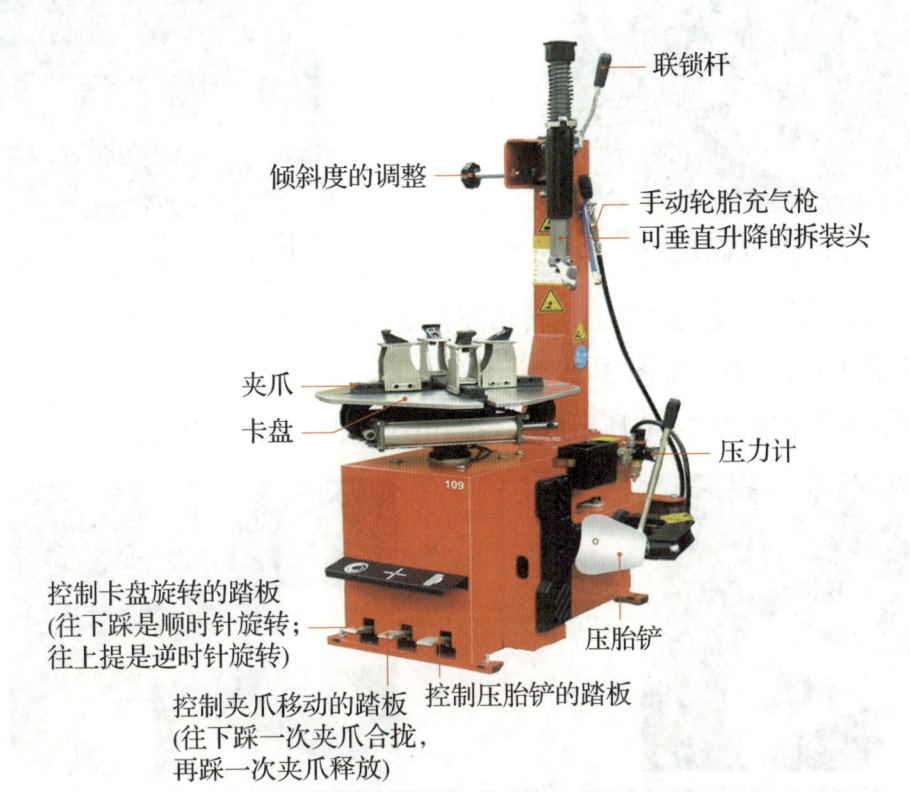

图3-24　轮胎拆装机的结构

①拆卸气门芯放净轮胎内气压，如图3-25所示。

②去除轮辋上的旧平衡块，以便轮胎动平衡时，添加新的平衡块，如图3-26所示。

图3-25　拆卸气门芯

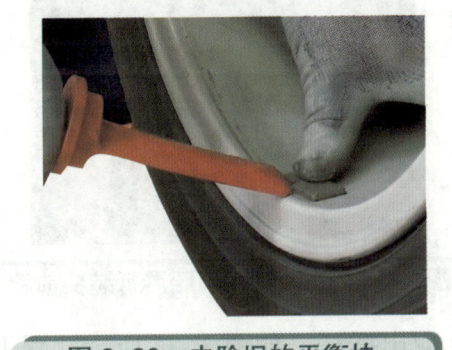

图3-26　去除旧的平衡块

③将车轮靠近轮胎拆装机右边的橡胶支承板上，使用压胎铲按照图3-27所示位置摆放（离轮辋边1 cm以上）。踩下控制压胎铲的踏板，使轮胎与车轮松脱。

⚠注意事项：轮胎正反面的每个位置都需要用压胎铲挤压，以便于轮胎与车轮的拆卸。

④在轮唇上涂抹规定的润滑油脂，将车轮放在轮胎拆装机的卡盘上，将夹爪放入轮辋内侧，踩下控制夹爪移动的踏板，使其牢牢抓紧车轮，如图3-28所示。

⚠注意事项：不涂抹润滑油可能会给轮胎造成严重磨损。

图 3-27 挤压胎圈位置

图 3-28 将夹爪抓紧车轮

⑤将升降拆装头靠到轮辋边缘上，转动倾斜度的调整手柄，锁住水平及垂直臂，并使拆装头自动离轮辋 2 mm 左右，如图 3-29 所示。

⑥将辅助拆装器按照图 3-30 所示放入轮辋边缘与拆装头中间位置。

图 3-29 使拆装头离轮辋 2 mm 左右

图 3-30 将辅助拆装器放入轮辋边缘与拆装头中间位置

⑦将撬杆插到胎唇拆装头前端，如图 3-31 所示，用撬杆撬开胎唇，如图 3-32 所示。

图 3-31 将撬杆插到胎唇拆装头前端

图 3-32 用撬杆撬开胎唇

⑧取出撬杆，如图 3-33 所示。踩下控制卡盘旋转的踏板，使卡盘按顺时针方向旋转直到轮胎完全与轮辋分开。

⑨将轮胎向上抬，如图 3-34 所示；将撬杆插到胎唇拆装头前端，用撬杆撬开胎唇，如图 3-35 所示，踩下控制卡盘旋转的踏板，使卡盘按顺时针方向旋转直到轮胎完全与外轮辋分离开。

图 3-33 取出撬杆，旋转卡盘直到轮胎完全与轮辋分开

图 3-34 将轮胎向上抬　　　　图 3-35 用撬杆撬开胎唇

⑩为了避免损坏轮缘，安装时要用特殊润滑油涂在胎唇上，以便操作顺利进行，如图 3-36 所示。

⑪将轮胎放在轮辋上，移动拆装头，使轮唇对准拆装头，如图 3-37 所示。踩下控制卡盘旋转的踏板，使卡盘按顺时针方向旋转直到轮胎完全装入。

图 3-36 在胎唇上涂抹润滑油　　　　图 3-37 使轮唇对准拆装头

⑫重复步骤⑪，需要注意的是，在旋转卡盘时，需要不断挤压轮胎胎侧，以便轮胎顺利装入轮辋，如图 3-38 所示。有的轮胎拆装机有附带的压胎器，因此无须手动挤压轮胎胎侧。

⑬轮胎安装完成以后，使用手动轮胎充气抢，将轮胎充至合适气压，如图 3-39 所示；并检查轮胎有无漏气。

图 3-38 不断挤压轮胎胎侧　　　　图 3-39 将轮胎充至合适气压

3）轮胎的换位

由于汽车前、后、左、右车轮在不同工作条件和负荷下工作，故轮胎的磨损情况各不相同。一般前轮驱动的车辆，前轮磨损几乎是后轮的 2 倍，而后轮驱动的车辆，后轮的磨损也是比前轮要快很多；前轮是方向轮，胎肩的磨损要快于胎心；车辆因靠右行驶，路有弧度，故右轮磨损大于左轮。因此，应按汽车保养规定及时进行轮胎换位，一般是汽车行驶 5 000~10 000 km 时需要进行一次轮胎换位。其方法如图 3-40 所示。

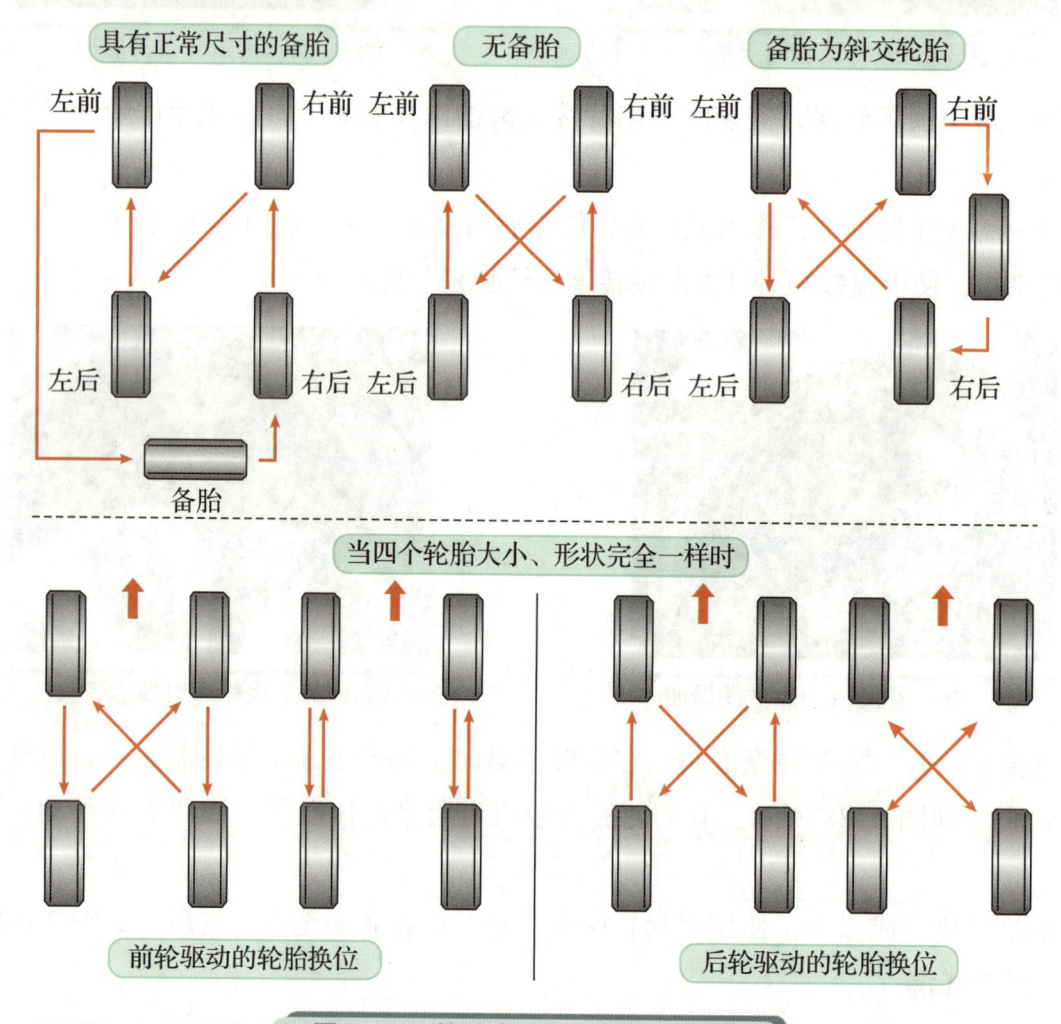

图 3-40 轮胎常用的几种换位方法

4）轮胎的动平衡

汽车零部件在制造过程中无法达到绝对的精度，会产生一定的误差。车辆日常行驶中，胎面与路面的摩擦、轮辋的磕碰以及异常磨损都会使车轮在转动时产生不平衡。

为了避免或消除车轮转动时产生的不平衡现象，可通过对车轮增加配重的方法，把车轮校正回正确的平衡状态，这个校正的过程称为轮胎的动平衡。其操作步骤如下：

（1）拆下需要做动平衡的车轮，将车轮内侧旧的平衡块清除干净，如图 3-41 所示。

⚠ **注意事项**：为了使动平衡仪器测量精准，在测量之前，先将轮胎上的小石子清除，将轮辋及轮辐上的淤泥清除干净。

图 3-41 清除车轮上旧的平衡块

（2）把车轮安装在平衡仪上，根据轮辋中心孔的直径选择合适的锥体，并在最外侧用螺栓紧固，如图 3-42 所示。

（3）在车轮安装完成后，对轮胎和轮辋进行检测，并将检测数据输入控制台。首先测量轮毂边缘与平衡仪机箱的距离，如图 3-43 所示；然后测量轮毂宽度，使用卡尺测量，将读数输入控制台中；查看轮毂直径（轮胎侧面标明的型号），将这些数据输入控制台。

图 3-42 锁紧车轮

图 3-43 测量轮毂边缘与平衡仪机箱的距离

（4）采集数据。输入车轮数据后，按下起动开关，车轮开始旋转，平衡仪控制系统会自动采集数据，并在采集数据后自动停止。为了保证安全，在平衡仪工作时不要站在车轮旋转侧，以免发生危险。

（5）当车轮自动停转后，从指示装置读出车轮内、外动不平衡量和位置，如图 3-44 所示。

（6）用手慢慢旋转车轮，当动平衡仪指示装置发出信号时，如图 3-45 所示（五个指示灯同时点亮），停止转动车轮。

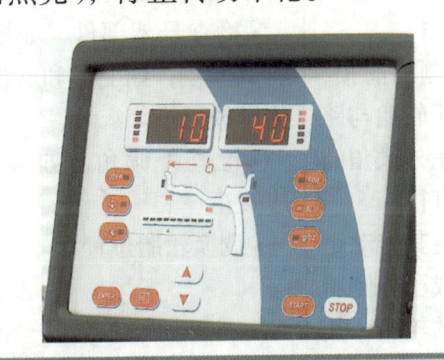

图 3-44 读出动不平衡量

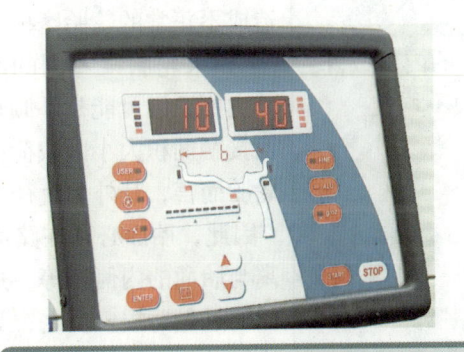

图 3-45 动平衡仪指示装置发出信号

（7）将动平衡仪显示的动不平衡量按内、外位置，置于车轮十二点位置的轮辋边缘（注：有的动平衡仪自带红外指示灯，在红外指示灯的位置安装平衡块即可），安装合适的平衡块。如图3-46所示。

（8）重新启动动平衡仪，进行动平衡试验，直到动不平衡量小于5g，机器显示合格为止。

（9）取下车轮，关闭电源，操作结束。

图3-46 安装合适的平衡块

5）轮胎常见故障诊断

（1）胎肩或胎面中间磨损的故障诊断。

胎肩或胎面中间磨损的故障诊断如表3-1所示。

表3-1 胎肩或胎面中间磨损的故障诊断

故障现象	故障原因	故障排除步骤
轮胎的胎肩和胎面出现了磨损	集中在胎肩上或胎面中间的磨损，主要是由于未能正确保持充气压力所致。如果轮胎充气压力过低，轮胎的中间便会凹入，将载荷转移到胎肩上，使胎肩磨损快于胎面中间。另外，如果充气压力过高，轮胎中间便会凸出，承受较大的载荷，使轮胎中间磨损快于胎肩	• 检查是否超载 • 检查充气压力，如果充气过量或充气不足，应调整充气压力 • 调换轮胎位置

（2）胎侧磨损的故障诊断。

胎侧磨损的故障诊断如表3-2所示。

表3-2 胎侧磨损的故障诊断

故障现象	故障原因	故障排除步骤
轮胎的内侧或外侧磨损不均匀	• 在过高的车速下转弯会造成转弯磨损。转弯时轮胎滑动，便产生了斜形磨损。这是较常见的轮胎磨损原因之一。驾驶员所能采取的唯一补救措施，就是在转弯时降低车速 • 悬架部件变形或间隙过大，会影响前轮定位，造成不正常的轮胎磨损 • 如果轮胎某一侧的磨损快于另一侧的磨损，其主要原因可能是外倾角不正确，由于轮胎与路面接触面积大小因载荷而异，对具有正外倾角的轮胎而言，其外侧直径要小于其内侧直径 因此，胎面必须在路面上滑动，以便其转动距离与胎面的内侧相等。这种滑动便造成了外侧胎面的过量磨损。反之，具有负外倾角的轮胎，其内侧胎面磨损较快	• 询问驾驶员是否高速转弯，如果是则要避免 • 检查悬架部件，如松动则将其紧固；如变形和磨损，应修理或更换 • 检查外倾角，如不正常，应校正 • 调换轮胎位置

（3）前端和后端磨损的故障诊断。

前端和后端磨损的故障诊断如表 3-3 所示。

表 3-3　前端和后端磨损的故障诊断

故障现象	故障原因	故障排除步骤
前端和后端磨损是一种局部磨损，常常出现在具有横向花纹和区间花纹的轮胎上，胎面上的区间发生斜向磨损（与鞋跟的磨损方式相同），最终变成锯齿状	• 具有纵向折线花纹的胎面，磨损时会产生波状花纹 • 非驱动轮的轮胎只受制动力的影响，而不受驱动力的影响，因此，往往会有前后端形式的磨损，如反复使用和放开制动器，便会使轮胎每次发生短距离滑动而磨损，前、后端磨损的形式便与这种磨损相似 • 如果是驱动轮的轮胎，则驱动力所造成的磨损，会在制动力所造成的磨损的相反的方向上出现，所以，驱动轮轮胎极少出现前后端磨损。客车和大货车由于制动时产生了很大的摩擦力，故具有横向花纹的轮胎，便会出现与非驱动轮相似的前后端磨损	• 检查充气压力。如果充气压力不足，就将其充至规定值 • 检查车轮轴承。如果磨损或松动，应更换或调整 • 检查外倾角和前束。如果不正确，应加以调整

5. 技能总结

任务三 悬架的检修

任务目标

完成本学习任务后,学生在基础知识和基本技能方面应达到以下要求。

知识目标

(1) 了解悬架系统的功用。
(2) 掌握悬架系统的构造及工作原理。
(3) 熟悉悬架系统的分类。

能力目标

(1) 会正确拆装前减震器。
(2) 会检查减震器的性能。

任务引入

悬架是现代汽车上的一个重要总成,它把车架与车轮弹性地连接起来。其主要任务是在车轮和车架之间传递所有的力和力矩,缓和由路面不平传给车架(或车身)的冲击载荷,衰减由此引起的承载系统的振动,隔离来自地面、轮胎输入的噪声,控制车轮的运动规律,以保证汽车具有需要的乘坐舒适性和操纵稳定性。

相关知识

一、悬架的功用

汽车悬架是车架与车桥之间一切传力装置的总称。具有以下功用:

(1) 连接车架(或车身)和车轮,把路面作用到车轮的各种力传给车架(或车身)。
(2) 缓和冲击、衰减振动,使乘坐舒适,具有良好的平顺性。
(3) 保证汽车具有良好的操纵稳定性。

二、悬架的分类

汽车悬架有独立悬架和非独立悬架两种类型。

1. 独立悬架

如图 3-47 所示，独立悬架是两侧车轮各自独立地通过悬架与车架相连接，其配备的车桥都是断开式的，每个车轮都能独立地上下运动。因此，从使用过程来看，当一侧车轮受到冲击、振动后可通过弹性元件自身吸收冲击力，这种冲击力不会波及另一侧车轮，使得厂家可在车型的设计之初通过适当的调校使汽车在乘坐舒适性、稳定性、操纵稳定性三方面取得合理的配置。

2. 非独立悬架

如图 3-48 所示，非独立悬架是左右两侧的车轮装在一个整体式车桥上，车轮连同车桥一起通过悬架与车架相连接，当一侧车轮因路面不平等原因相对于车架的位置发生变化时，另一侧车轮的位置也随之发生变化。这样，自然不会得到较好的操纵稳定性及舒适性，同时由于左、右两侧车轮的互相影响，也容易影响车身的稳定性，在转向的时候较易发生侧翻。

图 3-47 独立悬架

图 3-48 非独立悬架

三、悬架的组成

悬架是车架与车桥之间一切传力连接装置的总称。现代汽车的悬架虽有不同的结构形式，但一般都由弹性元件、减震器、导向机构等组成，轿车一般还有横向稳定杆。悬架的组成如图 3-49 所示。

1. 弹性元件

汽车悬架系统所用的弹簧主要有钢板弹簧、螺旋弹簧、扭杆弹簧和油气弹簧等。

图 3-49 悬架的组成

1）钢板弹簧

钢板弹簧由若干片长度不等的合金弹簧钢片叠加而成，构成一根近似等强度的弹性梁。最长的一片称为主片，其两端卷成卷耳，内装衬套，以便用弹簧销与固定在车架上的支架或吊耳做铰链连接。钢板弹簧的外形如图 3-50 所示。

2）螺旋弹簧

如图 3-51 所示，螺旋弹簧用弹簧钢料卷制而成，与钢板弹簧相比，螺旋弹簧具有无须润滑、不怕油污、质量小、所占空间不大、具有良好的吸收冲击能力、可改善乘坐舒适性等优点，因此，在现代轿车上被广泛采用。

图 3-50 钢板弹簧

图 3-51 螺旋弹簧

3）扭杆弹簧

扭杆弹簧是由弹簧钢制成的杆件，如图 3-52 所示。扭杆的断面通常为圆形，少数为矩形或管形，其两端制成花键、方形、六角形等形状，以便一端固定在车架上，另一端固定在悬架的摆臂上。摆臂与车轮相连，当车轮跳动时，摆臂绕扭杆轴线摆动，使扭杆产生扭转弹性变形，以保证车轮与车架的弹性联系。

4）油气弹簧

以惰性气体（一般为氮气）作为弹性介质，以油液作为传力介质的气体弹簧，利用气体的可压缩性来执行弹簧缓冲的作用。油气弹簧的结构有单气室油气弹簧、双气室油气弹簧，如图 3-53 所示。

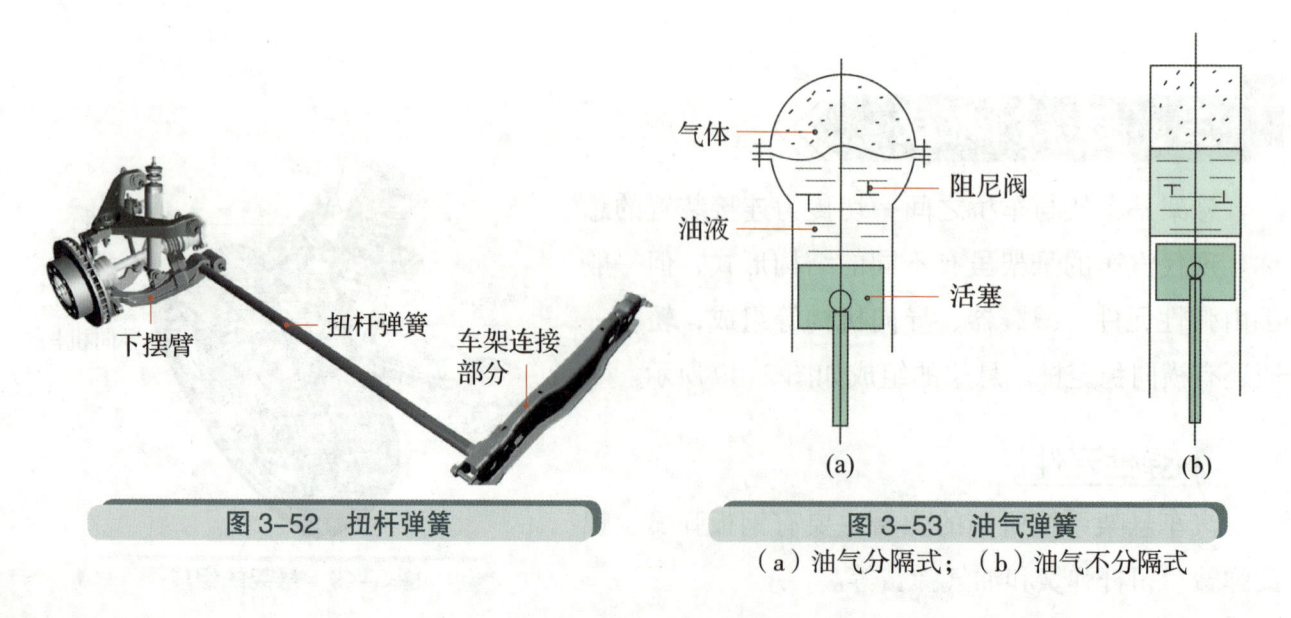

图 3-52 扭杆弹簧

图 3-53 油气弹簧
（a）油气分隔式；（b）油气不分隔式

2. 减震器

目前，汽车中广泛使用液压减震器，其基本原理如图 3-54 所示，当车架与车桥做往复相对运动时，减震器中的油液反复经过活塞上的阀孔，由于阀孔的节流作用及油液分子间的内摩擦力便形成了衰减振动的阻尼力，使振动的能量转变为热能，并由油液和减震器壳体吸收，然后散到大气中，从而实现减振作用。

目前汽车上应用最广泛的是双向作用筒式减震器，为了提高乘坐舒适性，在高级轿车上有的采用充气式减震器。

1) 双向作用筒式减震器

如图 3-55 所示，双向作用单筒式液压减震器一般由几个同心钢筒、几个阀门和一些密封件等组成。里面的钢筒为工作缸，工作缸内装有活塞，活塞上装有伸张阀和流通阀，在工作缸下端的支座上装有压缩阀和补偿阀。流通阀和补偿阀是单向阀，较小的油压即可打开或关闭。伸张阀和压缩阀也都是单向阀，需要较大的油压才能打开，而油压稍降低，阀门即可关闭。双向作用筒式减震器的工作原理可用压缩和伸张两个行程加以说明。

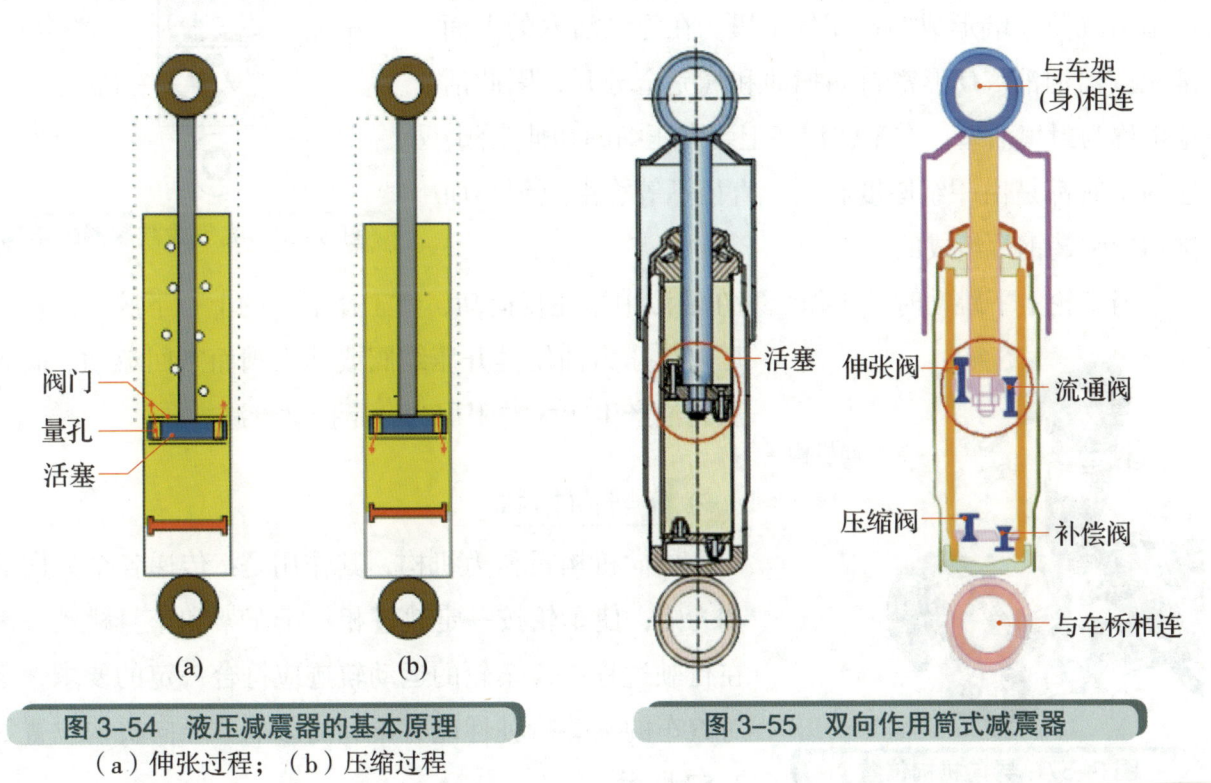

图 3-54 液压减震器的基本原理
（a）伸张过程；（b）压缩过程

图 3-55 双向作用筒式减震器

（1）压缩行程。

当车桥移近车架时，减震器受压缩，活塞杆推动活塞下移，使下腔室容积减小，油压升高，油液经流通阀进入活塞上腔室。由于活塞杆占去了上腔室一部分容积，故上腔室增加的容积小于下腔室减小的容积，致使下腔室油液不能全部流入上腔室，多余的油液压开压缩阀流入储油缸筒。油液流经上述阀孔时，受到一定的节流阻力，为克服这种阻力而消耗了振动能量，使振动衰减。当车身振动剧烈，活塞高速运动时，活塞下腔室油压骤增，压缩阀的开度增大，油液能迅速通过较大的通道流回储油缸筒。这样，油压和阻尼力都不致过大，使压缩行程中弹性元件的缓冲作用能充分发挥。

（2）伸张行程。

当车桥远离车架时，减震器受拉伸，活塞杆拉动活塞上移，使上腔室容积减小，油压升高，上腔室油液推开伸张阀流入下腔室。由于活塞杆的存在，下腔室形成一定的真空度，储油缸筒内的油液在真空度的作用下，推开补偿阀流入下腔室。由于伸张阀弹簧刚度和预紧力比压缩阀大，且伸张行程时的油液通道面积小，因此在伸张行程产生的最大阻尼力远远超过了压缩行程内的最大阻尼力。减震器这时充分发挥减振作用，能迅速衰减振动。

2）充气式减震器

充气式减震器的结构如图3-56所示，其结构特点是在缸筒的下部装有一个浮动活塞，高压的氮气充在浮动活塞与缸筒一端形成的密闭气室里。在浮动活塞的上面是减震器油液。O形密封圈把油和气完全分开，因此活塞也称为封气活塞。在工作活塞上装有压缩阀和伸张阀。这两个阀都是由一组厚度相同、直径不等、由大到小而排列的弹簧钢片组成的。

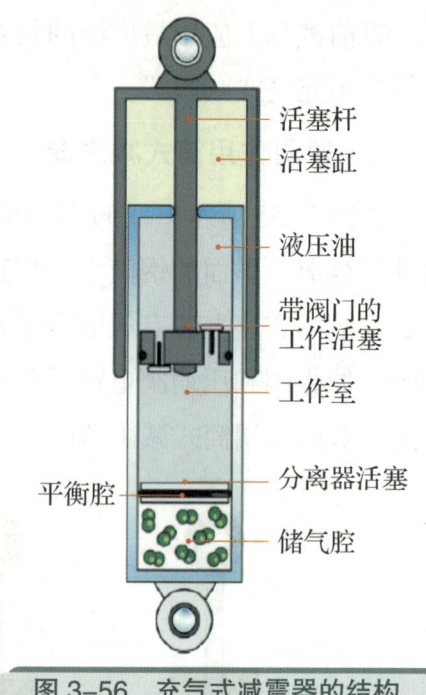

图3-56 充气式减震器的结构

当车轮上下跳动时，工作活塞在油液中做往复运动，使工作活塞的上、下腔之间产生油压差，压力油便推开压缩阀或伸张阀而来回流动。阀孔对压力油产生较大的阻尼力，是振动衰减。

3. 导向机构

导向机构是传力机构，其作用是：传递各个方向的力和力矩；使车轮按一定轨迹相对于车架和车身跳动。汽车在行驶过程中，车轮的运动轨迹应符合一定的要求，否则对汽车的某些行驶性能有不利的影响。导向机构位置如图3-57所示。

图3-57 导向机构位置

四、独立悬架系统的结构原理

1. 麦弗逊式独立悬架

如图3-58所示，麦弗逊式独立悬架是以发明者Macphersan的名字命名，在中级以下轿车中使用很广泛的一种悬架。

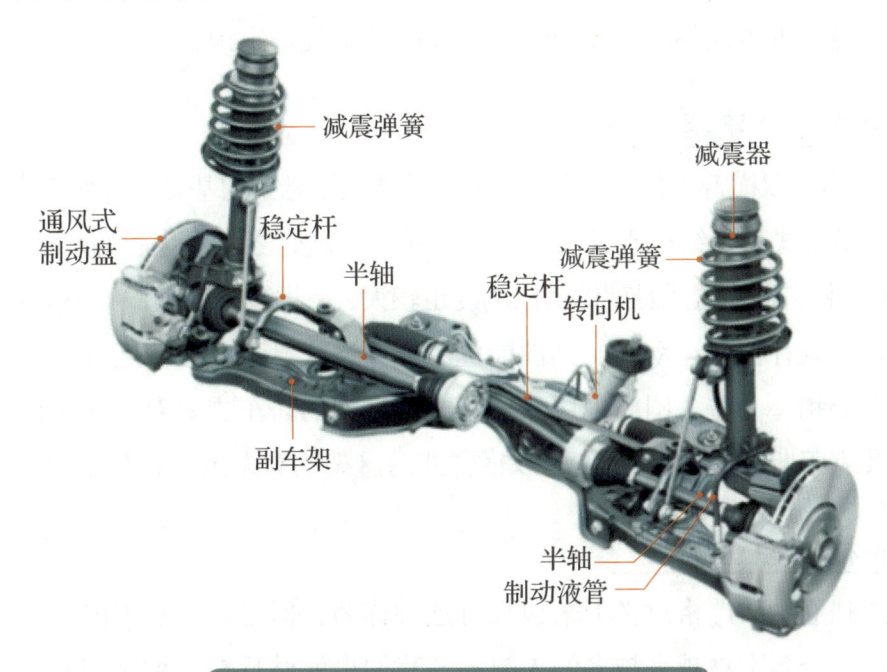

图 3-58 麦弗逊式独立悬架

　　这种悬架由减震器、螺旋弹簧、A 字形下摆臂组成，绝大部分车型还会加上横向稳定杆。减震器与套在它外面的螺旋弹簧合为一体，构成悬架的弹性支柱。支柱上端与车身挠性连接，支柱下端与转向节刚性连接。下摆臂的外端通过螺栓与转向节的下部连接，内端与元宝梁铰接。车轮所受的侧向力经转向节大部分由下摆臂承受，其余部分由减震器承受。

　　麦弗逊式独立悬架没有传统的主销实体，转向轴线为上、下铰接中心的连线。麦弗逊式悬架结构简单，布置紧凑，用于前悬架时能增大两轮内侧的空间，故多用于发动机前置前轮驱动的汽车上。

2. 双叉臂式独立悬架

　　如图 3-59 所示，双叉臂式独立悬架是在中、高级轿车中使用很广泛的一种悬架。

　　双叉臂式独立悬架又称为双 A 臂式独立悬架，双叉臂式独立悬架拥有上、下两个叉形摆臂。其中，上、下叉臂的一端分别通过叉臂轴与车身铰接，另一端分别通过上、下球头销与转向节相连。减震器与套在它外面的螺旋弹簧合为一体，构成悬架的弹性支柱。支柱上端与车身挠性连接，支柱下端与转向节刚性连接。横向力由两个叉臂同时吸收，支柱只承载车身重量，因此，横向刚度大。垂直力通过转向节、下球头销、下摆臂和减震器及螺

图 3-59 双叉臂式独立悬架

旋弹簧传递给车身；而纵向力、侧向力及其力矩由转向节、下摆臂、上摆臂、下球头销、上球头销传递给车身。由于此种悬架使用上、下球头销来代替主销，故属于无主销式悬架。

3. 双横臂式独立悬架

如图 3-60 所示，双横臂式独立悬架是在双叉臂式独立悬架的基础上改变而来的，二者有着许多的共性，双横臂式只是结构比双叉臂式简单些，可以称之为简化版的双叉臂式独立悬架。同双叉臂式悬架一样，双横臂式悬架的横向刚度也较大，一般也采用上、下不等长摆臂设置。

双横臂式悬架设计偏向运动性，其性能优于麦弗逊式悬架，但比起真正的双叉臂式悬架以及多连杆悬架要稍差一些。国内采用双横臂式前悬架的轿车主要有广州本田雅阁、一汽轿车马自达 6 以及克莱斯勒 300C；而采用双横臂式后悬架的有东风本田思域。

4. 连杆支柱式独立悬架

连杆支柱式独立悬架严格意义上来说没有这种称谓，但是，随着国内广州丰田凯美瑞的热销，连杆支柱这个名字被越来越多的人熟悉，我们也就姑且把这种悬架称为连杆支柱式独立悬架。

如图 3-61 所示，连杆支柱式独立悬架与麦弗逊式悬架一样，用来支承车体的也是减震器支柱，它把减震器和螺旋弹簧组装成一体。连杆支柱式独立悬架也是一根粗大的减震器支柱，与麦弗逊式悬架的主要区别在于：悬架下部与车身连接的 A 字形下摆臂改成三根连杆定位。转弯时产生的横向力主要由减震器支柱和横向连杆来承担。它具有与麦弗逊式悬架相近的操控性能，又有比麦弗逊式悬架更高的连接刚度和相对较好的抗侧倾性能。但是，同样也存在麦弗逊式悬架的缺点，就是稳定性不好，转弯侧倾还是较大，需要加装横向稳定杆来减小转向侧倾。

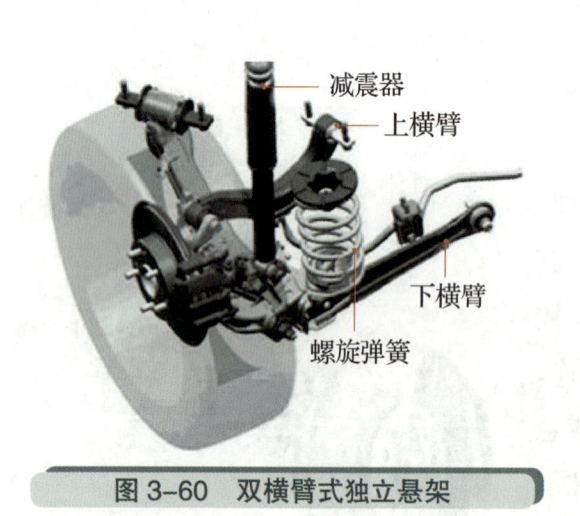

图 3-60 双横臂式独立悬架

图 3-61 连杆支柱式独立悬架

5. 多连杆式独立悬架

多连杆式独立悬架可分为多连杆式前悬架和多连杆式后悬架。其中前悬架一般为 3 根连杆或 4 根连杆式独立悬架；后悬架则一般为 4 根连杆或 5 根连杆式独立悬架。其中，5 连杆式后悬架应用较为广泛。

如图 3-62 所示，多连杆式独立悬架能实现主销后倾角的最佳位置，大幅度减小来自路面的前后方向力，从而改善加速和制动时的平顺性和舒适性，同时也保证了直线行驶的稳定性。由螺旋弹簧拉伸或压缩导致的车轮横向偏移量很小，不易造成非直线行驶。在车辆转弯或制动时，多连杆式独立悬架结构可使后轮形成正前束，提高车辆的控制性能，减少转向不足的情况。

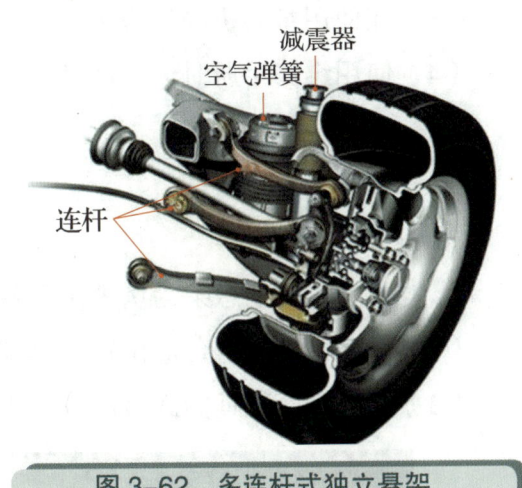

图 3-62 多连杆式独立悬架

多连杆式独立悬架在收缩时能自动调整外倾角、前束角以及使后轮获得一定的转向角度。通过对连接运动点的约束角度设计使得悬架在压缩时能主动调整车轮定位，能完全针对车型进行匹配和调校，以最大限度地发挥轮胎抓地力，从而提高整车的操控极限。

多连杆式独立悬架结构相对复杂，材料成本、研发试验成本以及制造成本远高于其他类型的悬架，而且其占用空间大，中、小型车出于成本和空间考虑极少使用这种设计。但多连杆式独立悬架的舒适性能是所有悬架中最好的，操控性能也和双叉臂式独立悬架难分伯仲。高档轿车由于空间充裕且注重舒适性能和操控稳定性，大多使用多连杆式独立悬架，可以说多连杆式独立悬架是高档轿车的绝佳搭挡。

相关技能

1. 实训内容

（1）悬架的拆装。
（2）减震器的检查。
（3）常见悬架系统故障的检修方法。

2. 准备工作

（1）大众高尔夫轿车一辆。
（2）拆装工具、液压千斤顶一套，维修手册一本。
（3）工具车、零件车各一台。

3. 注意事项

（1）明确操作规范和职责范围，预防潜在危险。
（2）实践操作过程中保持场地卫生及安全，不嬉戏打闹。

（3）在使用举升机的过程中应将保险设置好后再开始工作。

（4）使用维修手册时，要注意避免破损，手册与使用车型相对应。

4. 操作步骤

1）减震器的拆装

以大众高尔夫前悬架为例来讲解悬架系统的拆装过程。

（1）将车辆举升至合适位置，拆卸前车轮紧固螺母，卸下车轮，如图 3-63 所示。

（2）使用套筒工具拆卸缓冲杆紧固螺栓，如图 3-64 所示。

图 3-63　拆卸前车轮紧固螺母

图 3-64　拆卸缓冲杆紧固螺栓

（3）脱开轮速传感器线束固定在减震器上的胶套，如图 3-65 所示。

图 3-65　脱开轮速传感器线束胶套

（4）用工具拆卸车轮轴承套的紧固螺栓，用榔头轻轻敲击轴承套边缘，使其与减震器脱离，如图 3-66 所示。

图 3-66　拆卸车轮轴承套的紧固螺栓

（5）降下举升机，打开引擎盖，拆卸减震器与车身固定螺母（注意：用手托住减震器，防止减震器坠落，造成事故），如图 3-67 所示。

图 3-67　拆卸减震器与车身固定螺母

（6）用液压千斤顶分解减震器，分解图如图 3-68 所示。

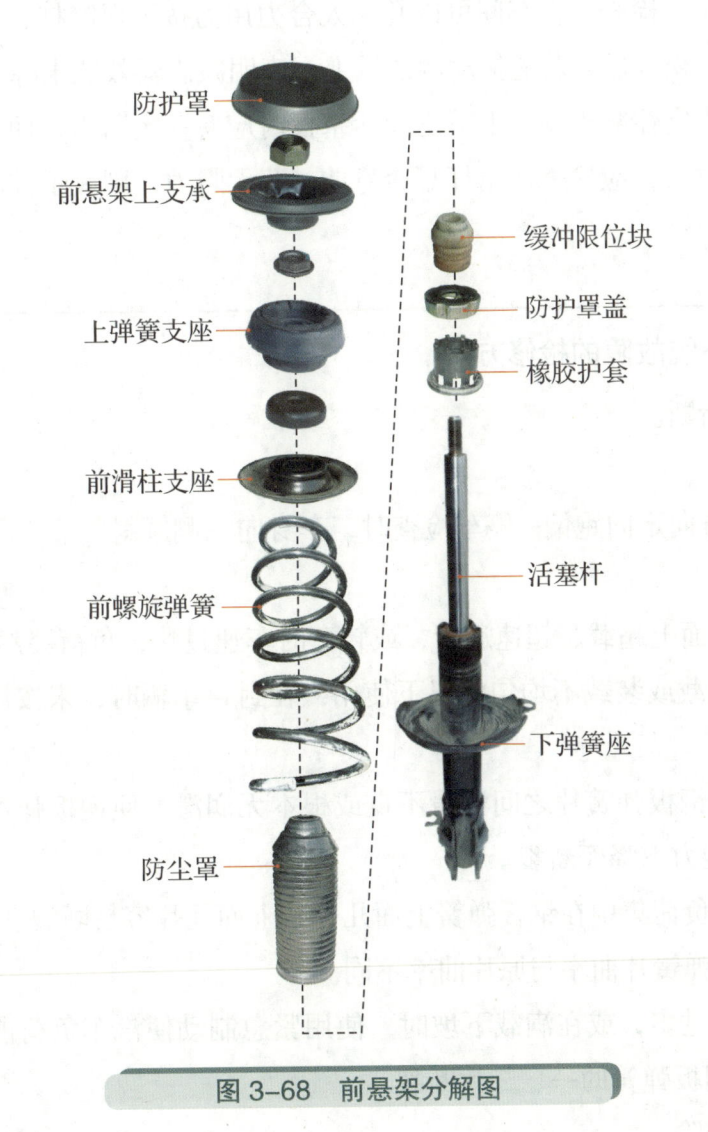

防护罩
前悬架上支承
上弹簧支座
前滑柱支座
前螺旋弹簧
防尘罩

缓冲限位块
防护罩盖
橡胶护套
活塞杆
下弹簧座

图 3-68　前悬架分解图

2）减震器的检查

（1）减震器漏油的检查。

有轻微漏油属于正常现象，主要是由于油封磨损或损坏，衬垫破裂压碎或螺塞松动，应更换油封、衬垫、紧固螺塞。一般减震器是不进行修理的，一旦漏油严重必须更换。

检查结果_____。

（2）检查减震器工作是否正常。

在没有减震器性能试验台的情况下，一般凭感觉和经验来鉴别减震器的好坏。

当汽车在较坏的路面上行驶一段时间后，用手触摸一下减震器，有温热感为正常。若不热，则表明没有阻力，已不起减振作用；如减震器发出异常的响声，则说明该减震器已损坏，必须更换；若两个减震器温度一高一低，且相差较大，则低者阻力小或没有阻力，一般是缺油或阀门零件损坏等，应更换。

检查结果_____。

（3）减震器效能的检查。

对于轿车可在车上检查，在车间可以几个人合力用力按下保险杠，先用力压减震器上车身部位，振动几次，松开后，若能振动两次以上，表明减震器效能未降低。

拆下检查时应固定住减震器，上下运动活塞杆时应有一定阻力，而且向上比向下的阻力要大一些。若阻力过大，应检查活塞杆是否弯曲；若无阻力，则表示前减震器阻尼器油已漏尽或失效，必须更换。

检查结果_____。

3）常见悬架系统故障的检修方法

（1）钢板弹簧折断。

①故障现象。

汽车行驶时，方向定向跑偏；停车检查时，车身向一侧倾斜。

②故障原因。

• 车辆在不平路面上超载、超速运行，或转弯时车速过快，负荷突然增大。

• 车辆长期在超载或装载不均匀状况下使用，在封存车辆时，未按规定解除钢板弹簧的负荷。

• 维护不及时，钢板弹簧片之间润滑不良或根本无润滑，使钢板弹簧片间的相对移位能力降低，造成承载能力下降而断裂。

• 弹簧夹松动，负荷集中在钢板弹簧上面几片，上面几片容易断裂。

• 更换的新钢板弹簧片曲率与原片曲率不同。

• 汽车紧急制动过多，或在满载下坡时，使用紧急制动使汽车负荷前移。前钢板弹簧突受额外负荷，造成钢板弹簧的一、二片断裂。

③故障诊断与排除。

• 当汽车行驶中听到"呱嗒、呱嗒"的金属撞击声，则将车辆支起，使钢板弹簧处于自由状态，在钢板弹簧支架端用撬棒上下撬动钢板弹簧，若能撬动，说明钢板弹簧销、衬套、吊环支架间的间隙过大。

• 若汽车在正常装载条件下行驶，车架与钢板弹簧之间发生撞击，当行驶在不平路面上时，产生异响更大，则将车辆支起，使弹簧处于自由状态，测量弹簧弧高，若不符合规定，或钢板弹簧反垂、钢板弹簧软垫破裂，则钢板弹簧因疲劳而失效，应更换。

（2）减震器失效。

①故障现象。

汽车在不平路面上行驶，车身强烈振动并连续跳动，有时在一定范围内会发生"摆头"现象。

②故障原因。

• 减震器连接销（杆）脱落或橡胶衬套（软垫）磨损破裂。

• 减震器油量不足或存有空气。

• 减震器阀门密封不良。

• 减震器活塞与缸筒磨损过量，配合松旷。

③故障诊断与排除。

• 检查减震器连接销（杆）、橡胶衬垫、连接孔是否有损坏、脱落、破裂，若有应及时更换。

• 察看减震器是否有漏油和陈旧性漏油痕迹。

• 用力按汽车保险杠，手放松，若车身能有2、3次跳跃，说明减震器良好；反之，故障在减震器内部，应更换。

（3）减震器漏油。

①故障现象。

在减震器油封处或活塞连杆处有漏油痕迹。

②故障原因。

• 油封垫圈、密封垫圈破裂，储油缸盖螺母松动。

• 减震器活塞杆弯曲或表面拉伤，破坏了油封。

③故障诊断与排除。

• 拧紧储油缸盖螺母，若仍有油液漏出则是油封或密封垫圈失效。

• 更换新密封件后仍漏油，则应拉压减震器，若感到发卡、轻重不一，则应进一步检查活塞杆是否弯曲，表面是否有划痕。

（4）前悬架有噪声。

①故障现象。

汽车在行驶过程中，特别是道路颠簸、突然制动、转弯时从前悬架部位发出噪声。

②故障原因。

• 前减震器、转向节、下摆臂的连接螺栓松动。

- 前减震器漏油严重或前减震器活塞杆与缸筒磨损严重。
- 下摆臂的前后橡胶衬套磨损、老化或损坏。
- 螺旋弹簧失效或折断。

③故障诊断与排除。

- 如果前减震器、转向节、下摆臂的连接螺栓松动，则重新紧固各松动螺栓。
- 如果前减震器漏油严重或前减震器活塞杆与缸筒磨损严重，则需更换前减震器。
- 如果下摆臂的前后橡胶衬套磨损、老化或损坏，则需更换橡胶衬套。
- 如果螺旋弹簧失效或折断，则需要更换螺旋弹簧。

（5）后悬架有噪声。

①故障现象。

汽车在行驶过程中，特别是道路颠簸、突然加速、转弯时从后悬架部位发出噪声。

②故障原因。

- 后减震器漏油或损坏。
- 后减震器端缓冲套损坏。
- 后轮毂轴承损坏。
- 后桥体橡胶支承损坏。
- 后减震器的螺旋弹簧损坏，纵摆臂与后轴管支架之间的滚针轴承损坏。
- 扭杆与纵摆臂、后轴管支架总成的花键磨损松动。
- 后悬架各紧固螺栓或螺母松动。

③故障诊断与排除。

- 如果后减震器漏油或损坏，则更换后减震器。
- 如果后减震器端缓冲套损坏，则更换缓冲套。
- 如果后轮毂轴承损坏，则更换轴承。
- 如果后桥体橡胶支承损坏，则需要更换后桥体橡胶支承。
- 如果后减震器的螺旋弹簧损坏，则需要更换螺旋弹簧。
- 如果扭杆与纵摆臂、后轴管支架之间的滚针轴承损坏，则需要更换滚针轴承。
- 如果扭杆与纵摆臂、后轴管支架总成的花键磨损松动，则需要更换扭杆。
- 如果后悬架各紧固螺栓或螺母松动，则紧固螺栓或螺母。

（6）前轮自动跑偏。

①故障现象。

汽车行驶时，不能保持直线行驶方向，而自动偏向一边。

②故障原因。

- 两前轮的气压不一致。
- 两前轮轮胎磨损不一致。

- 左、右螺旋弹簧损坏或产生永久变形。
- 左、右前减震器损坏或变形。
- 前轮定位角不正确。
- 横向稳定杆橡胶套损坏或固定螺栓松动。

③故障诊断与排除。

- 若两前轮的气压不一致，导致跑偏，则将两前轮均充至正常气压。
- 若两前轮轮胎磨损不一致，则需要更换成色相同的轮胎。
- 若左、右螺旋弹簧损坏或产生永久变形，则需要两侧一起更换螺旋弹簧。
- 若左、右前减震器损坏或变形，则需要更换前减震器。
- 如果前轮定位角不正确，则需要重新检查和调整前轮定位角。
- 若横向稳定杆橡胶套损坏或固定螺栓松动，则需要更换橡胶套并重新紧固螺栓。

（7）前轮摆动。

①故障现象。

汽车行驶时，在达到某一速度时，出现方向盘发抖、摆振。

②故障原因。

- 轮毂的钢圈螺栓松动。
- 前悬架螺栓松动。
- 前轮毂轴承磨损。
- 车轮轮辋产生偏摆。
- 车轮动不平衡。
- 下摆臂的球头销磨损或松动。
- 转向横拉杆球头销磨损或松动。
- 前轮定位角不正确。

③故障诊断与排除。

- 如果轮毂的钢圈螺栓松动，则需要按照规定力矩和顺序紧固钢圈螺栓。
- 如果前悬架螺栓松动，则需要紧固转向节、前减震器及下摆臂的紧固螺栓或螺母。
- 如果前轮毂轴承磨损，则需要更换轴承。
- 如果车轮轮辋产生偏摆，则需要更换轮辋。
- 如果车轮动不平衡，则需要做车轮动平衡。
- 如果下摆臂的球头销磨损或松动，则需要更换球头销。
- 如果转向横拉杆球头销磨损或松动，则需要更换球头销。
- 前轮定位角不正确，则需要校正前轮的前束和外倾角。

（8）后轮摆动。

①故障现象。

汽车保持直线行驶时，当达到某一速度后，感觉后轮有明显的左右摆动。

②故障原因。

- 后轮轮毂偏摆。
- 后车轮动不平衡。
- 后摆臂上短轴变形。
- 后轮毂轴承间隙过大。
- 后桥体变形。
- 后减震器失效。

③故障诊断与排除。

- 如果后轮轮毂偏摆，需要更换后轮轮毂。
- 如果后车轮动不平衡，则需要进行后车轮动平衡。
- 如果后摆臂上短轴变形，则需要更换短轴。
- 如果后轮毂轴承间隙过大，则需要进行后轮毂轴承间隙调整。
- 如果后轮毂轴承损坏，则需要更换轴承。
- 如果后桥体变形，则更换后桥体。
- 如果后减震器失效，则更换后减震器。

5. 技能总结

思考与练习

一、填空题

1. 车桥是通过_____和_____相连，两端安装_____。
2. 转向桥是利用_____使车轮可以偏转一定角度，以实现_____。

3. 转向桥主要由_____、_____、_____和_____等构成。
4. 车轮由_____、_____及它们间连接部分_____组成。
5. 轮胎的固定基础是_____。

二、判断题

1. 主销后倾角一定都是正值。（　　）
2. 普通斜交胎的帘布层数越多，强度越大，但弹性越差。（　　）
3. 减震器与弹性元件是串联安装的。（　　）
4. 减震器在伸张行程时，阻力应尽可能小，以充分发挥弹性元件的缓冲作用。（　　）
5. 无内胎，摩擦生热少、散热快，适用于高速行驶。（　　）
6. 减震器的作用是提高舒适性和行驶平顺性。（　　）

三、选择题

1. 有内胎的充气轮胎由（　　）等组成。
   A. 内胎　　　　　B. 外胎　　　　　C. 轮辋　　　　　D. 以上都对
2. 车轮前束是为了调整（　　）所带来的不良后果而设置的。
   A. 主销后倾角　　B. 主销内倾角　　C. 车轮外倾角　　D. 车轮内倾角
3. 轮胎集中在胎肩上的磨损原因是（　　）。
   A. 充气压力过高　B. 充气压力过低　C. 前束不正确　　D. 外倾角不正确
4. 普通减震器上用的弹簧是（　　）。
   A. 螺旋弹簧　　　B. 板弹簧　　　　C. 扭力弹簧　　　D. 空气弹簧

四、问答题

1. 车桥有何作用？
2. 说明轮胎175/45R 16 87 V 的含义。
3. 为什么子午线轮胎得到越来越广泛的使用？
4. 轮胎的作用是什么？

项目四

转向系统的检修

> **项目描述**
>
> 汽车在行驶的过程中,需按照驾驶员的意愿并且要保证行驶安全的条件下,来随意改变行驶方向,这样就必须使用一套用来改变或恢复汽车行驶方向的机构,这种机构即为汽车转向系统。除了驾驶室裸露的一部分转向管柱外,转向系统的其他部件多数是看不见的,其实它们是在仪表盘下面,一直延伸到汽车前桥,还有转向系统的主要执行机构、转向器及其他附件。目前常见的转向系统分为机械转向系统和动力转向系统,其中动力转向系统又可分为气压式和液压式,本项目主要讲解动力转向系统中的液压式。

任务一 机械转向系统的检修

任务目标

完成本学习任务后,学生在基础知识和基本技能方面应达到以下要求。

知识目标

(1)掌握转向器的功用及工作原理。

(2)熟悉转向传动机构在独立悬架与非独立悬架中的布置方式。

项目四　转向系统的检修

能力目标

（1）会正确拆装循环球式转向器。

（2）会检修循环球式转向器。

任务引入

> 机械转向系统是以驾驶员的体力作为转向能源，其中所有传动件都是机械的，主要由转向操纵机构、转向传动机构和转向器三大部分组成。当转向系统零部件损坏或出现故障时，会引起转向沉重、转向不灵敏或操纵不稳定等故障。下面我们就来学习机械式转向系统的组成及零部件的检修。

相关知识

一、转向操纵机构

转向操纵机构一般由转向盘、转向轴和转向柱等组合，如图4-1所示。它的主要作用是操纵转向器和转向传动机构，使转向轮偏转。

1. 转向盘

转向盘主要由轮圈、轮辐和轮毂组成，如图4-2所示。转向盘与转向轴通常是通过带锥度的细花键连接，端部通过螺母轴向压紧固定。

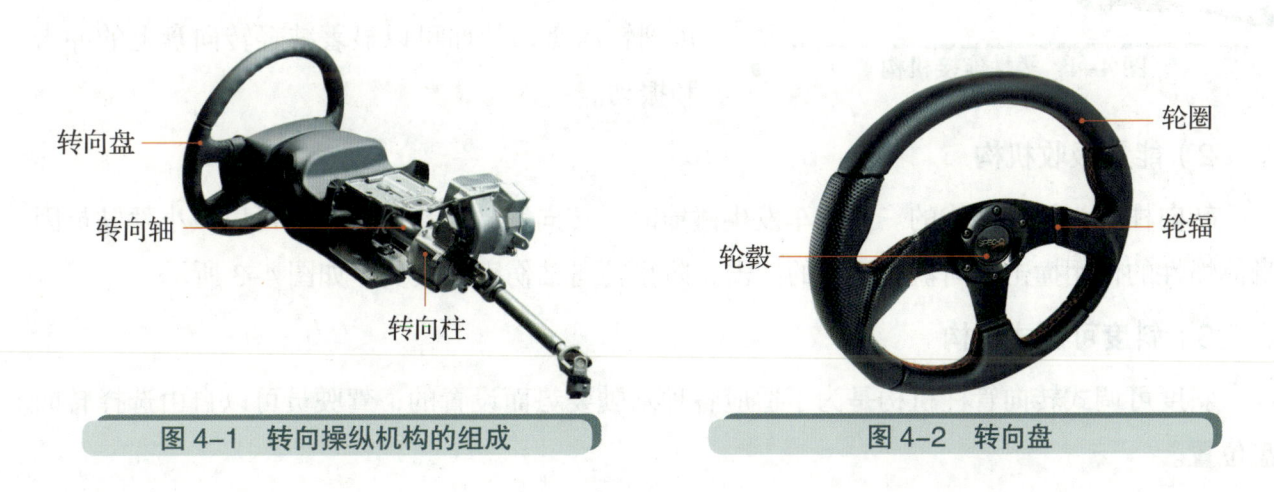

图 4-1　转向操纵机构的组成

图 4-2　转向盘

2. 转向轴和转向柱

转向轴是用来连接转向盘和转向器，并将转向盘的转向转矩传给转向器。转向轴分为普通式和能量吸收式。现代汽车更多地采用能量吸收式转向轴结构。

137

转向柱安装在车身上，支承转向轴及转向盘。转向轴从转向柱内穿过，靠转向柱内的轴承和衬套支承。为方便不同体型驾驶员操纵转向盘，转向柱上装有能改变转向盘位置的调节装置。转向盘的安装角度和高度可以在一定范围内调整，以适应驾驶员的体形和驾驶习惯，如图 4-3 所示。

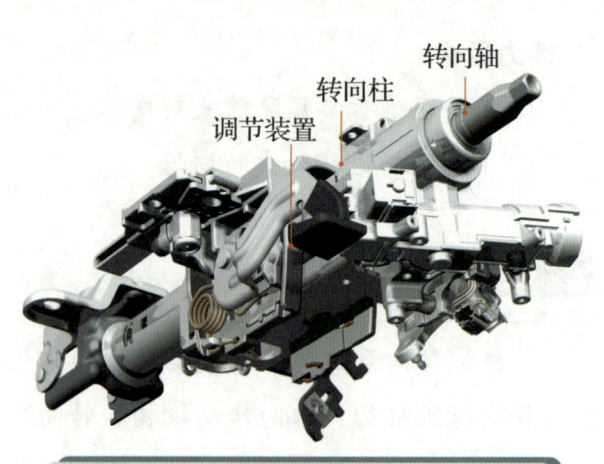

为保证驾驶员的安全，汽车主动安全技术在交通安全中发挥着重要作用。尽管如此，在行车中仍然不可避免地会发生意外事故，出现汽车碰撞，此时汽车的被动安全技术为减轻人员的伤害提供保障。在转向操纵机构上体现的汽车被动安全技术有安全气囊和能量吸收式转向轴。为了可靠地操纵转向装置，现代轿车上采用的转向柱必须具备以下功能。

图 4-3 能量吸收式转向轴的结构

1）柔性连接机构

转向柱的上部与转向盘固定连接，下部装有转向器，其连接方式有两种：一种是与转向器输入轴直接连接；另一种是通过万向节或柔性联轴器与转向器的输入轴相连接，如图 4-4 所示。但是，为了兼顾汽车底盘和车身总体布置要求，往往需要将转向器与转向柱的轴线在一定角度相交。因此，许多新型汽车在转向操纵机构中采用了万向传动装置。而且，采用柔性联轴器连接，还可以有效地阻止路面对车轮的冲击经过转向器传到转向盘，从而可以显著减轻转向盘上的冲击和振动。

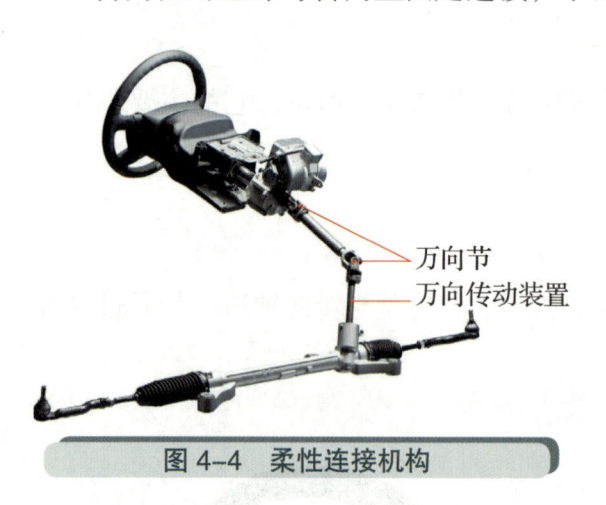

图 4-4 柔性连接机构

2）能量吸收机构

转向柱都为缓冲形式的。当汽车发生碰撞时，转向管柱能量吸收机构可以减小驾驶员因身体惯性的作用撞击转向盘所施加的冲击，防止转向轴伤害驾驶员，如图 4-3 所示。

3）斜度可调式机构

斜度可调式转向管柱机构是为了适应各种驾驶姿势而设置的，驾驶员可以自由选择转向盘位置。

4）伸缩机构

如图 4-5 所示，转向管柱伸缩机构可让转向盘的位置向前或后调整，以适应驾驶姿势。伸缩式转向管柱机构的转向盘安装在滑动轴上，滑动轴与滑动轴套管结为一体，可以在转向管柱上支架内滑动。滑动轴通过花键与主轴相连，并将转向盘的转向力传至主轴。滑动轴也可在主轴的花键上进行前后移动。由于滑动轴套管上的棘齿位于转向管柱上支架的槽中，因此滑动轴只能前、后移动，而不能转动。

5）斜度调整记忆机构

在某些汽车上装置了机械记忆力机构。这种机构可避免转向盘妨碍驾驶员进出驾驶室。当拉动斜度调整杆把转向盘向上倾斜后，转向盘可自行回复到原来位置，其主要部件有斜度调整杆和记忆杠杆。工作时由计算机控制倾斜调整电动机驱动。

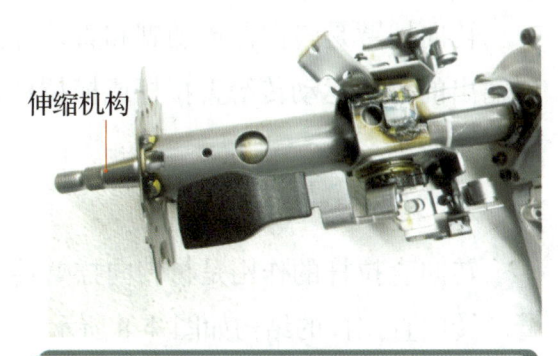

图 4-5 伸缩机构

6）锁止机构

当驾驶员从钥匙筒中拔出钥匙后，转向锁止机构能将转向轴锁定在转向管柱上；如果这时不用钥匙起动发动机，将无法进行车辆的转向操作，从而防止车辆被盗。

二、转向传动机构

转向传动机构的作用是将转向器输出的力和运动传给转向轮，使两侧转向轮偏转以实现汽车转向。

转向传动机构的组成和布置与转向轮处的悬架和转向器的位置、类型有关。

1. 与非独立悬架配用的转向传动机构

与非独立悬架配用的转向传动机构如图 4-6 所示。它一般由转向摇臂、转向直拉杆、转向节臂、两个转向梯形臂和转向横拉杆等组成，各杆件之间都采用球形铰链连接，并设有防止松动、缓冲吸振、自动消除磨损后的间隙等结构。

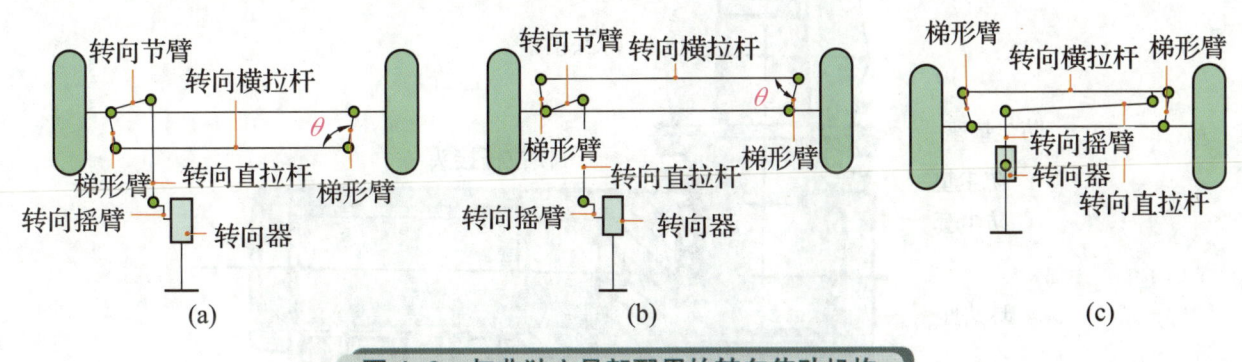

图 4-6 与非独立悬架配用的转向传动机构
（a）转向梯形在前桥之后；（b）转向梯形在前桥之前；（c）转向直拉杆横置

1）转向摇臂

转向摇臂是转向器传动副和直拉杆间的传动件，作用是把转向器输出的力和运动传给直拉杆或横拉杆，进而推动转向轮偏转。如图4-7所示。

图4-7 转向摇臂

2）转向直拉杆

转向直拉杆的作用是将转向摇臂传来的力和运动传给转向梯形臂。转向直拉杆的结构如图4-8所示。

图4-8 转向直拉杆的结构

3）转向横拉杆

转向横拉杆分成左、右两根，其内端为与杆身一体的不可调的圆孔接头，孔内压装有橡胶金属缓冲环，与转向齿条支架用螺栓铰接。横拉杆外端为带球头的可调式接头，球头销与转向臂相连。通过调节横拉杆长度可调整前轮前束值。球头销的球碗由弹簧顶紧球头，以消除间隙。转向横拉杆的结构如图4-9所示。

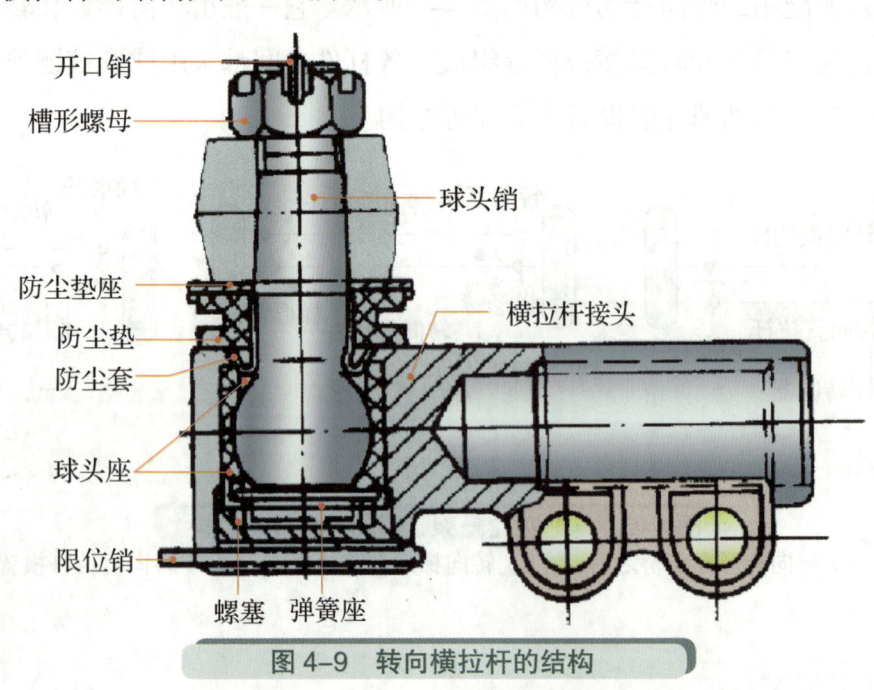

图4-9 转向横拉杆的结构

4）转向减震器

随着车速的提高，转向轮有时会产生摆振（转向轮绕主销轴线往复摆动，甚至引起整车车身的振动），影响汽车的稳定性、舒适性，加剧前轮轮胎的磨损。为了克服转向轮摆振，在转向传动机构中设置转向减震器。转向减震器的一端与车身（或前桥）铰接，另一端与转向直拉杆（或转向器）铰接。转向减震器的结构如图 4-10 所示。

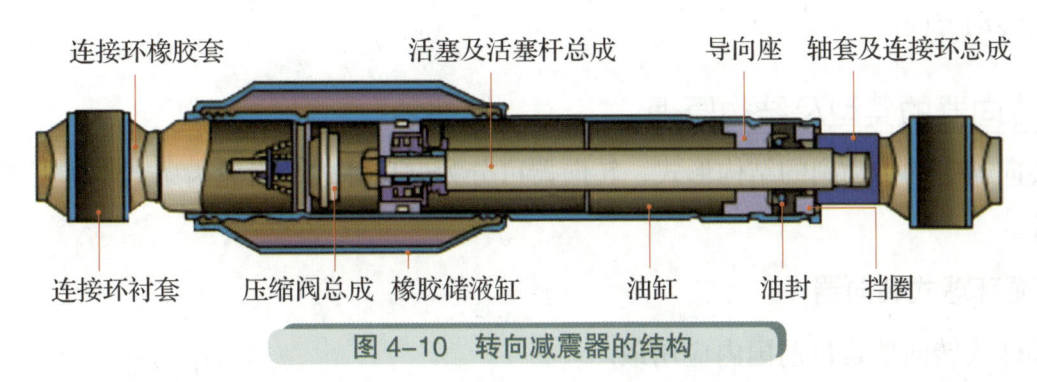

图 4-10 转向减震器的结构

2. 与独立悬架配用的转向传动机构

当转向轮独立悬挂时，每个转向轮分别于车架做独立运动，因而转向桥是断开的。与此相应，转向传动机构中的转向梯形也必须是断开式的，分成几段。

图 4-11 所示为几种与独立悬架配用的转向传动机构示意图。其中，图 4-11（a）、图 4-11（b）为与循环球式转向器配用的转向机构布置方案，图 4-11（c）、图 4-11（d）所示为与齿轮齿条式转向器配用的转向机构布置方案。

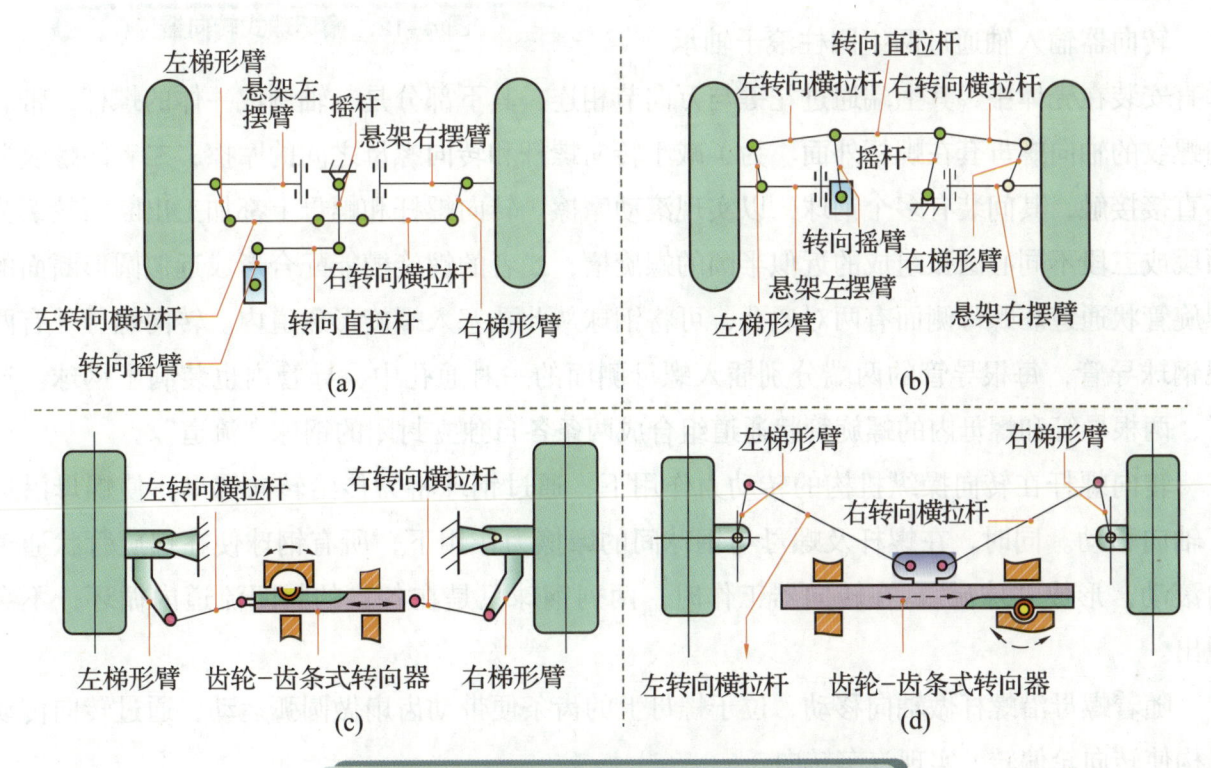

图 4-11 与独立悬架配用的转向传动机构

三、转向器

1. 转向器的功能

转向器是转向系统中的降速增矩传动装置，其功能是增大由转向盘传到转向节的力，并改变力的传动方向。

2. 转向器的类型及结构原理

按转向器中的传动副的结构形式，转向器可分为循环球式、齿轮齿条式、蜗杆曲柄指销式等三种。

1）循环球式转向器

循环球式转向器是目前国内应用最广泛的一种转向器。与其他形式的转向器相比，循环球式转向器在结构上的主要特点是有两级传动副。如图4-12所示，第一级是螺杆、螺母传动副，第二级是齿条、齿扇传动副。因此循环球式转向器是由螺杆、螺母、齿条、齿扇、轴承、转向器壳等组成的。

图4-12 循环球式转向器

转向器输入轴通过两组圆柱滚子轴承垂直安装在壳体中，其上端通过花键与万向节相连，其下部分是与轴制成一体的螺杆，带有内螺纹的轴向螺母套在螺杆外面。为了减小转向螺杆和转向螺母之间的摩擦，二者的螺纹并不直接接触，其间装有多个钢球，以实现滚动摩擦。转向螺杆和螺母上都加工出断面轮廓为两段或三段不同心圆弧组成的近似半圆的螺旋槽，二者的螺旋槽能配合形成近似圆形断面的螺旋管状通道。螺母侧面有两对通孔，可将钢球从此孔塞入螺旋形通道内。转向螺母外有两根钢球导管，每根导管的两端分别插入螺母侧面的一对通孔中，导管内也装满了钢球。这样，两根导管和螺母内的螺旋管状通道组合成两条各自独立封闭的钢球"流道"。

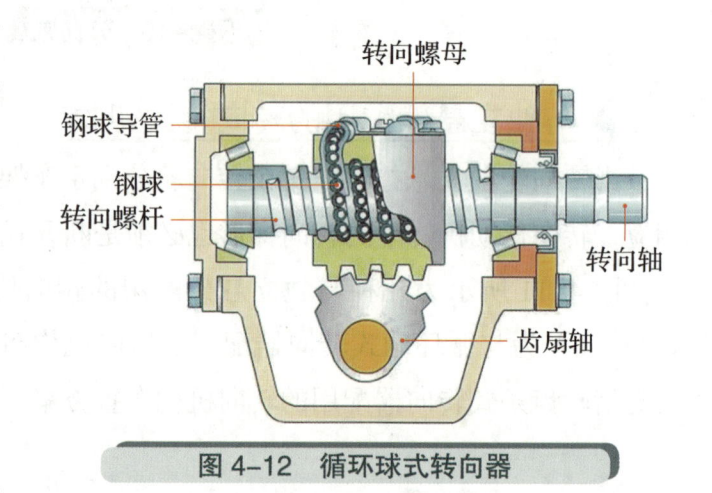

转向螺杆在转向操纵机构的转动力作用下，通过钢球将力传给转向螺母，使螺母沿螺杆轴向移动。同时，在螺杆及螺母与钢球间的摩擦力作用下，所有钢球便在螺旋管状通道内滚动，形成"球流"。在转向器工作时，两列钢球只是在各自的封闭流道内循环，不会脱出。

随着螺母沿螺杆做轴向移动，位于螺母上的齿条便带动齿扇做圆弧运动，通过转向传动机构使转向轮偏转，实现汽车转向。

2）齿轮齿条式转向器

如图 4-13 所示，齿轮齿条式转向器主要由转向齿轮、转向齿条等组成。这种转向器可分为固定传动比和可变传动比两种，它还可与液压助力器配合使用。转向器传动机构可与横拉杆总成合为一体，也可分开布置。传动机构多为侧向位移输入，而输出的方式则有多种，如中心输出、齿条两端输出、齿条一端通过直拉杆输出等。

其基本原理是转向轴带动小齿轮旋转时，齿条便做直线运动。有时，靠齿条来直接带动横拉杆，就可以使转向轮转向。此类转向器具有结构简单，成本低廉，转向灵敏，体积小，可以直接带动横拉杆等优点，多用于前轮独立悬架的汽车上。

3）蜗杆曲柄指销式转向器

如图 4-14 所示，蜗杆曲柄指销式转向器主要由转向器壳体、转向蜗杆、转向摇臂轴、曲柄和指销、侧盖等组成。

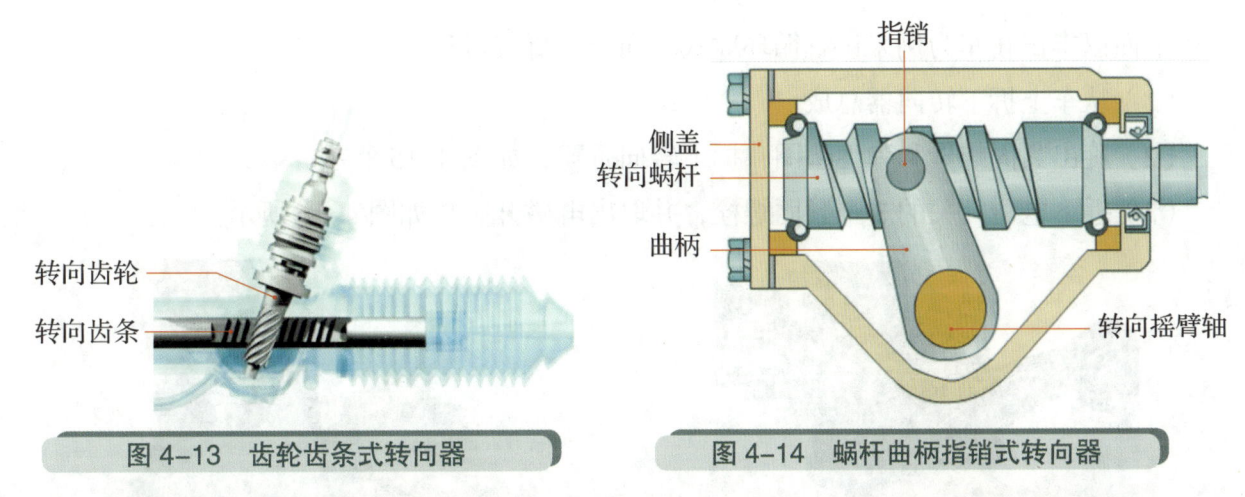

图 4-13 齿轮齿条式转向器

图 4-14 蜗杆曲柄指销式转向器

转向器壳体固定在车身的转向器支架上。壳体内装有传动副，其主动件是转向蜗杆，从动件是装在摇臂曲柄端部的指销。具有梯形截面螺纹的转向蜗杆支承在转向器壳体两端的两个球轴上。

汽车转向时，驾驶员通过转向盘转动转向蜗杆（主动件），与其相啮合的指销（从动件）一边自转，一边以曲柄长度为半径绕摇臂轴轴线在蜗杆的螺纹槽内做圆弧运动，从而带动曲柄、转向摇臂摆动，实现汽车转向。由于其综合性能不如循环球式转向器，目前应用越来越少。

相关技能

1. 实训内容

（1）循环球式转向器的拆装与检修。

（2）常见机械转向系统故障的检修方法。

2. 准备工作

（1）循环球式转向器总成。

（2）拆装工具、百分表、V形铁、游标卡尺等各一套。

3. 注意事项

（1）明确操作规范和职责范围，预防潜在危险。

（2）实践操作过程中保持场地卫生及安全，不嬉戏打闹。

（3）在使用举升机的过程中应将保险设置好后再开始工作。

（4）使用维修手册时，要注意避免破损，手册与使用车型相对应。

4. 操作步骤

1）循环球式转向器的拆装

下面以丰田轿车为例来讲解循环球式转向器的拆装过程。

（1）从车上拆下转向器总成。

（2）旋出紧固螺母和弹性垫圈，拆下转向垂臂，如图4-15所示。

（3）拆下电磁开关的3个紧固螺栓，并取出电磁开关，如图4-16所示。

图4-15 旋出垂臂紧固螺母

图4-16 取下电磁开关总成

（4）旋出调压阀，如图4-17所示。

（5）拆下侧盖板的紧固螺栓，如图4-18所示。

图4-17 旋出调压阀

图4-18 拆下侧盖板的紧固螺栓

项目四　转向系统的检修

（6）转动转向螺杆，使转向螺母处于转向螺杆的中间位置（将转向螺杆转到底后再返回约3.5圈），然后拧下转向器侧盖上的紧固螺栓，取下转向器侧盖，如图4-19所示。

（7）用铜棒轻轻敲击转向摇臂轴外端，取出转向摇臂轴，如图4-20所示。

图4-19　转动转向螺杆

图4-20　取出转向摇臂轴

（8）拧下转向器底盖上的紧固螺栓，如图4-21所示。

（9）从壳体中取出转向螺杆及转向螺母总成，如图4-22所示。

图4-21　拧下转向器底盖上的紧固螺母

图4-22　取出转向螺杆及转向螺母总成

⚠ 注意事项：在安装转向螺杆及转向螺母总成时应更换油封。

（10）拆下导管夹，取下钢球导管，如图4-23所示。

（11）握住螺母，慢慢转动螺杆，取出全部钢球，如图4-24所示。

图4-23　取下钢球导管

图4-24　取出全部钢球

145

（12）用专用工具旋出螺杆紧固螺母，并取出转向螺杆，如图4-25所示。

图4-25 旋出螺杆紧固螺母，取出转向螺杆

（13）用卡钳取出卡环，如图4-26所示。取出油槽、垫圈及轴承，如图4-27所示。

图4-26 取出卡环

图4-27 取出油槽、垫圈及轴承

（14）按与拆卸步骤相反的顺序进行装配。

但需要注意以下几点：

①安装油槽时，槽上的缺口应对准轴上的卡销。

②螺杆紧固螺母旋紧后应旋松1/3，确保转向螺杆转动灵活。

③将转向摇臂装入转向器壳体内时，应将转向摇臂轴上的齿与转向螺杆上的齿置中啮合。

④安装侧盖时，小边朝上、大边朝下安装。

⑤安装转向摇臂，旋上紧固螺母时，应以花键上两齿距离稍大处为标记对齐。

2）循环球式转向器的检修

（1）壳体及盖的检修。

用检视法检查转向器壳体及盖是否有裂纹。若存在不重要的裂纹，可用粘补法修复；若裂纹严重，应予以更换。

用直尺和厚薄规检查壳体及盖的平面度。其接合面的平面度误差应不大于0.10 mm，否则应修磨平整。

（2）转向摇臂轴的检修。

用磁力探伤法检查裂纹。转向摇臂轴不得有任何性质的裂纹存在，若有裂纹应更换。

用检视法检查齿扇有无剥落和点蚀。若有轻微剥落和点蚀，可用油石将剥落点蚀磨平后使用；若严重剥落、变形，应更换。

用检视法检查端部的花键和螺纹。若花键有明显的扭曲，应更换新件；螺纹损伤两牙以上，应更换或堆焊车削后套螺纹修复。

（3）转向螺杆及螺母总成的检修。

用检视法检查钢球滚道。钢球滚道应无金属剥落现象和明显的磨损凹痕，否则换用新件。

用磁力探伤法检查是否有裂纹。转向螺杆与转向螺母应无裂纹，否则换用新件。

用百分表检查转向螺杆的圆跳动。利用百分表与 V 形铁测量转向螺杆轴颈对中心的跳动量，该值不得大于 0.08 mm，否则需校正。

用百分表检查转向螺杆与转向螺母的配合间隙。将装配完好的转向螺杆及螺母总成固定，轴向和径向推拉转向螺母，并用百分表检查其配合间隙，该值不得大于 0.05 mm，否则应更换全部钢球。

用游标卡尺检查钢球的直径差。钢球的规格、数量应符合原厂规定，直径差不得大于 0.01 mm，以保证工作中各钢球均匀受力。

用检视法检查导管。导管如有破裂、舌头部位损伤，应更换。

用检视法检查转向螺杆与转向螺母的表面。转向螺杆轴颈磨损可电镀修复；齿条表面若有剥落和严重损伤，应更换。

（4）轴承检修。

用检视法检查。轴承滚道表面有裂痕、压坑、剥落或保持架扭曲变形应成套更换新件。

用检视法检查。钢球或滚针磨损、剥落或碎裂，应成套更换新件。

（5）油封检修。

转向摇臂轴油封和转向螺杆油封刃口若有损坏或油封橡胶老化，应更换新件。

3）常见机械转向系统故障的检修方法

（1）主要部件的检修。

①检查裂纹。

必须用探伤法检查横、直拉杆，转向摇臂，转向节臂及球头销是否有裂纹，若发现裂纹一律更换。

②检查直拉杆。

应无明显变形，用百分表检测直拉杆的弯曲度应符合技术标准，一般为 2.00 mm。若弯曲变形超标，应进行冷压校正。

③检查直拉杆装球头销的承孔。

若磨损超过极限值，予以焊修后加工至规定的尺寸，或将标准尺寸的钢板（钢板厚度不小于 3.5 mm）焊在上面。直拉杆端头螺栓螺纹损坏，可重新予以套丝进行修复。

④检查球头销与其相配合的各部位应无明显磨损。

当球头销座孔上缘磨损厚度小于 2.00 mm 时，可堆焊后进行车削修理。当球头销的球面及颈部小直径磨损大于 0.80 mm 时应予更换。

⑤检查转向摇臂的花键。

应无明显扭曲或金属剥落现象，转向摇臂装在摇臂轴上后，其端面应高出摇臂轴花键端面 2~5 mm。

⑥检查横拉杆应无明显变形。

用百分表检测横拉杆的弯曲度大于 2.00 mm 时，应进行冷压校正。弹簧失效或折断、螺塞损坏一律更换。

（2）转向传动机构的调整。

①球节的调整。

主、横拉杆两端球节如有松旷现象，可将调整螺塞旋到底，使弹簧抵紧球座，再把螺塞退回 $\left(\dfrac{1}{3} \sim \dfrac{1}{2}\right) r$，达到球节转动稍有阻力感，且又不过紧，也无卡住现象为合适，然后上好开口销。

②前束的调整。

• 检查时将汽车停放在平地上，使前轮位于直线行驶位置。在两轮做上记号，把前束尺放在两轮之间的记号上。尺与前轴在同一水平面上，记住尺上的数值，然后再将汽车向前推进，到前束尺随车轮转动到后面与前轴成同一水平面时为止。此时前束尺上的数值减去前边测量的数值即为前束值。

• 也可将前桥架起进行调整。

为使调整准确可靠应事先将轮毂轴承紧度调整好，两前轮轮胎气压要一致，否则会有误差。调整可调横拉杆。

③转向角的检查调整。

转向角的检查必须在前轮前束调整合格后进行。检查时，首先把前桥用千斤顶顶起，再把前轮置于直线行驶位置，使之静止不动。然后，在左右轮轮胎下垫一块平板，在平板上固定一张白纸，用木尺靠近车轮外边缘，画出与车轮平行的直线。然后把方向盘左转到极限位置，同样画出第二条直线，最后用量角器测量此角的大小，此角即为左轮最大转向角。用同样的方法，可测出右轮的转向角。

转向角经过检测后，若不符合原厂规定，必须进行调整。调整时，改变其限位螺柱的长度即可。一般汽车的两只限位螺柱都装在转向节突缘上，旋进螺柱时转向角增大，旋出螺柱时转向角减小。前桥驱动的汽车，调整螺柱一般装在转向节壳上，调法同上所述。调整好后，把限位螺柱焊死。这里要注意：调整时要把方向盘向左或向右打到底，以前轮胎不与翼子板或直拉杆等部位碰接，并有 8~10 mm 距离为合适。

④方向盘自由行程的调整。

转向盘游动间隙是指处于直线行驶位置的前轮不发生偏转情况下，转向盘所能转过的角度，也称为转向盘自由转动量。一般汽车转向盘左右自由转动量不超过 30°，如果超过这个范围，将使汽车在行驶中转向盘左右偏摆晃动。

检查时，把汽车前轮置于直线行驶的位置，把检查器刻度和指针分别夹持在转向轴管和方向盘上，然后向左或向右转动方向盘感到有阻力时，记住指针所在的位置，再反向转动方向盘感到有阻力时为止，指针在刻度盘上所划的角度，即为方向盘的游动间隙。

方向盘自由行程调整时，要由二人协作进行，一人左右摆动方向盘，另一人在车下观察。如果转向臂摆了很多，而前轮并不转动或很少转动，则故障在传动机构；如果方向盘转动了较大角度，而转向臂并不转动，则故障在转向器。经过检查判断后，再确定调整的部位。

- 首先检查转向盘紧固螺母，若松动，应予以紧固。再检查转向装置滑动花键部的磨损情况，若磨损过大，应予更换转向传动滑动叉。
- 检查摇臂轴与螺母啮合间隙是否过大，过大应予以调整。
- 检查转向器内平面轴承是否符合要求，如钢球在轴承上、下滚道运动不正常，使左、右传动时起动力很轻（如同空行程），转过一定范围又恢复正常的力矩，这样在左、右转向时，有一种起动力甚轻的感觉，转向盘由于车辆的振动，产生左、右晃动。
- 检查其他直、横拉杆以及转向节等部有无松动等缺陷。

⑤转向摇臂的调整。

当汽车直线行驶时，转向器的滚轮必须在蜗杆的中间位置相啮合，因此转向摇臂在未装在摇臂轴之前，必须把前轮摆在直线位置上，并转动方向盘从一个极端转到另一极端，记住转动的总圈数，取此圈数的一半，即滚轮在蜗杆的中间啮合位置。这时，再把转向摇臂装到摇臂轴上。装时要注意，摇臂端面要高出摇臂轴花键端面 2~5 mm。最后装上紧固螺母，并按规定扭力拧紧。

5. 技能总结

任务二　动力转向系统的检修

任务目标

完成本学习任务后，学生在基础知识和基本技能方面应达到以下要求。

知识目标

（1）掌握叶片式转向油泵的工作过程。

（2）掌握转向控制阀的工作过程。

能力目标

（1）会正确拆装转向油泵。

（2）能进行转向油泵的检修。

任务引入

液压动力转向是利用发动机输出的部分机械能转换为压力能，对转向器施加液压或气压作用力，以减小驾驶员转动方向盘的操纵力，减轻驾驶疲劳，尤其是在低速或车辆原地转向时更加轻便。该系统一旦出现故障，驾驶车辆时就会感到费力甚至影响行车安全，因此，应经常对该系统进行检查，减少故障的发生。

相关知识

一、动力转向的功用

在许多汽车，尤其是重型汽车上，常采用动力转向来降低驾驶员的劳动强度。动力转向系统是通过减小转动转向盘所需的力来降低驾驶员的疲劳程度，从而提高行驶过程中的安全性。

二、动力转向系统的结构

动力转向系统按照传递能量的介质不同,可以分为液压式和气压式两种。这里主要讲液压式动力转向。

液压动力转向装置包括方向盘、转向柱、动力转向器、转向油泵、转向控制阀、安全阀、储油罐及油管等。如图 4-28 所示。

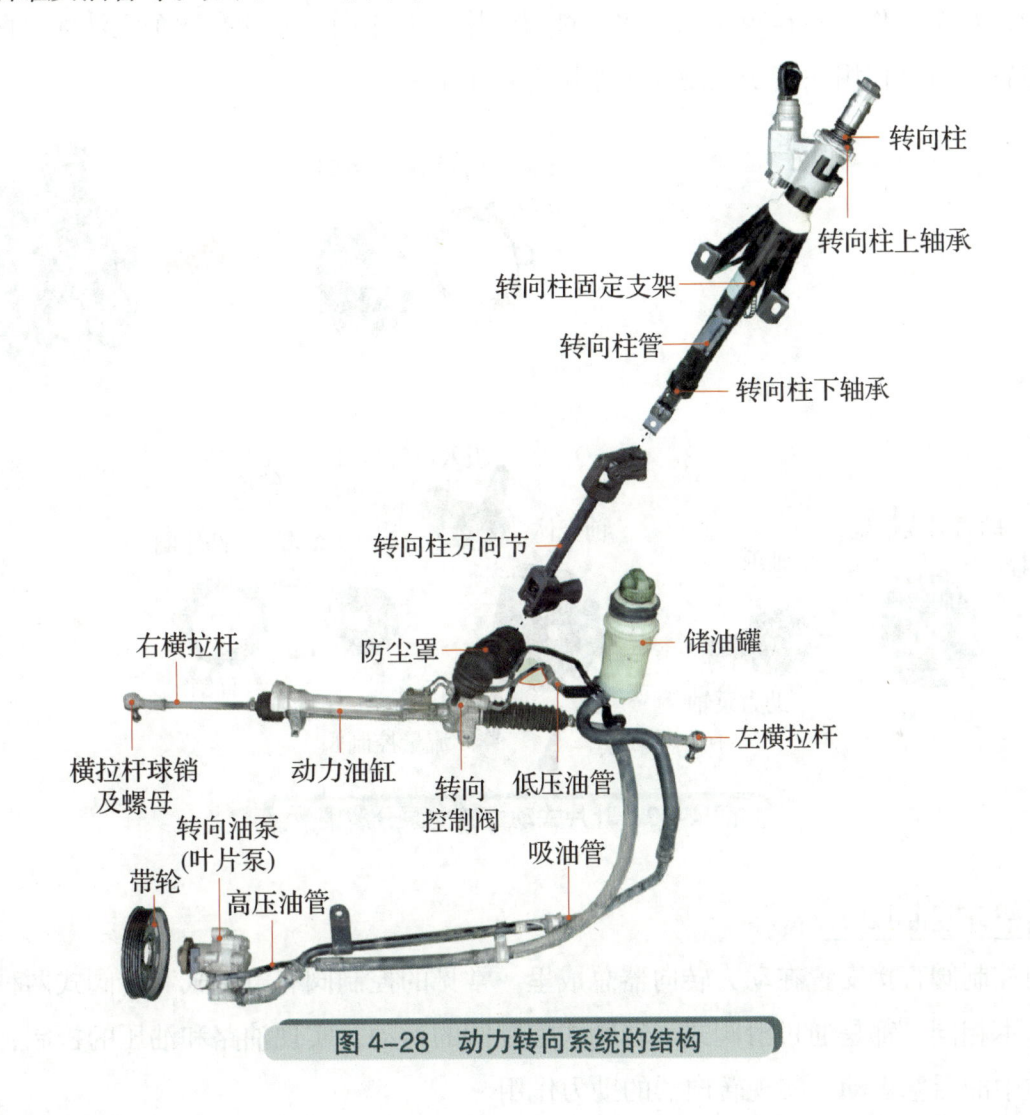

图 4-28 动力转向系统的结构

1. 转向油泵

转向油泵又称转向液压泵,它是液压助力式转向系统的能源。其作用是将输入的机械能转换为液压能输出。通常情况下,转向油泵安装在发动机前侧,由发动机曲轴通过传动带而驱动。

动力转向油泵的常见形式有四种:滚柱式、叶片式、径向滑块式和齿轮式。其中,以齿轮式和叶片式应用最多。就功能而言,它们的基本作用是相同的。在此只讲解叶片式动力转向油泵。

叶片式动力转向油泵主要由转子、定子、叶片和前壳体、后壳体等组成，分解图如图4-29所示。转子上开有均匀分布槽，叶片安装在转子槽内，并可在槽内滑动。定子内表面为由两段大半径的圆弧、两段小半径的圆弧和过渡圆弧组成的腰形结构。转子和定子同圆心。转子在传动轴的带动下旋转，叶片在离心力和动压作用下紧贴定子表面，并在槽内做往复运动。相邻的叶片之间形成密封腔，其容积随转子由小到大、由大到小周期变化。当容积由小变大时形成一定真空度吸油；当容积由大变小时压缩油液，由压油口向外供油。转子每旋转一周，每个工作腔各自吸压油两次，称双作用。双作用式叶片泵两个吸油区、两个排油区对称布置，所以作用在转子上的油压作用力互相平衡。

图 4-29 叶片式动力转向泵分解图

2. 转向控制阀

转向控制阀直接安置在动力转向器总成里。常见的控制阀有滑阀式和转阀式两种，其工作原理基本相同，都是通过滑阀式、转阀式控制阀的运动，实现油路和油压的控制，从而推动工作缸中的活塞运动，实现转向器的助力作用。

1）滑阀式控制阀

阀芯沿轴向移动来控制油液流量和流动的转向控制阀。图4-30（a）所示为常流式滑阀，图4-30（b）所示为常压式滑阀。

当阀芯处于图中所示的位置时，常流式转向阀的P、O、A、B四油路相通，无助力作用。常压式转向阀的P、O、A、B四油路互不相通，也无助力。

阀芯向右移动：油路为P→A→动力缸左腔，动力缸右腔→B→O，产生助力。

阀芯向左移动：油路为P→B→动力缸右腔，动力缸左腔→A→O，产生相反方向助力。

常流式滑阀的结构简单，液压泵寿命长，消耗功率少，广泛应用于各种汽车。

常压式滑阀有储能器积蓄液压能，可以使用较小的液压泵，并可以在液压泵不运转的情况下保持一定的转向助力能力，一般应用于重型汽车。

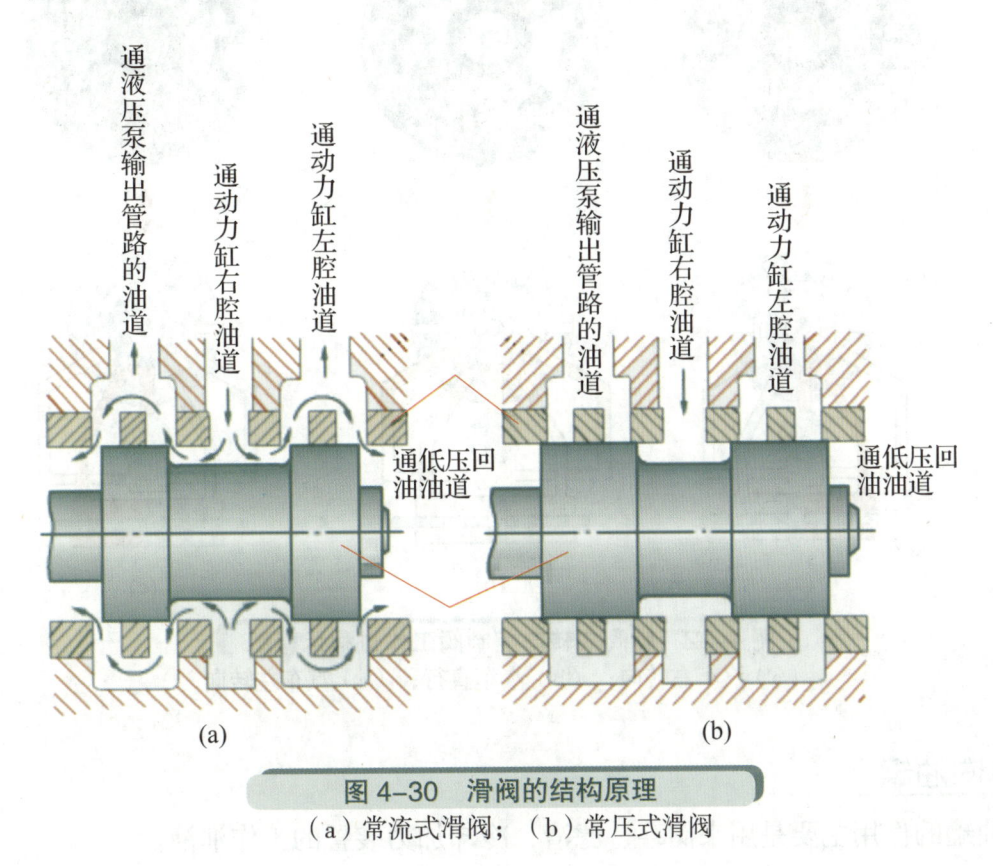

图 4-30 滑阀的结构原理
（a）常流式滑阀；（b）常压式滑阀

2）转阀式控制阀

转阀式控制阀控制压力油流到转向器的流向。其结构如图 4-31 所示。

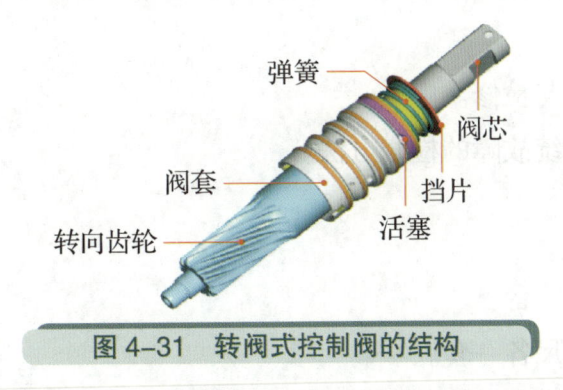

图 4-31 转阀式控制阀的结构

当转动转向盘时，通过扭杆产生的扭转力使阀芯转动很小角度。随着阀芯转动，不同孔道被打开或者关闭，以便使压力油流到活塞总成需要的一侧；如果转向盘向相反方向转动，压力油流到活塞总成的另一侧。如图 4-32（a）所示，为汽车右转向时转向控制阀工作过程示意图；如图 4-32（b）所示，为汽车直行时转向控制阀工作过程示意图；如图 4-32（c）所示，为汽车左转向时转向控制阀工作过程示意图。

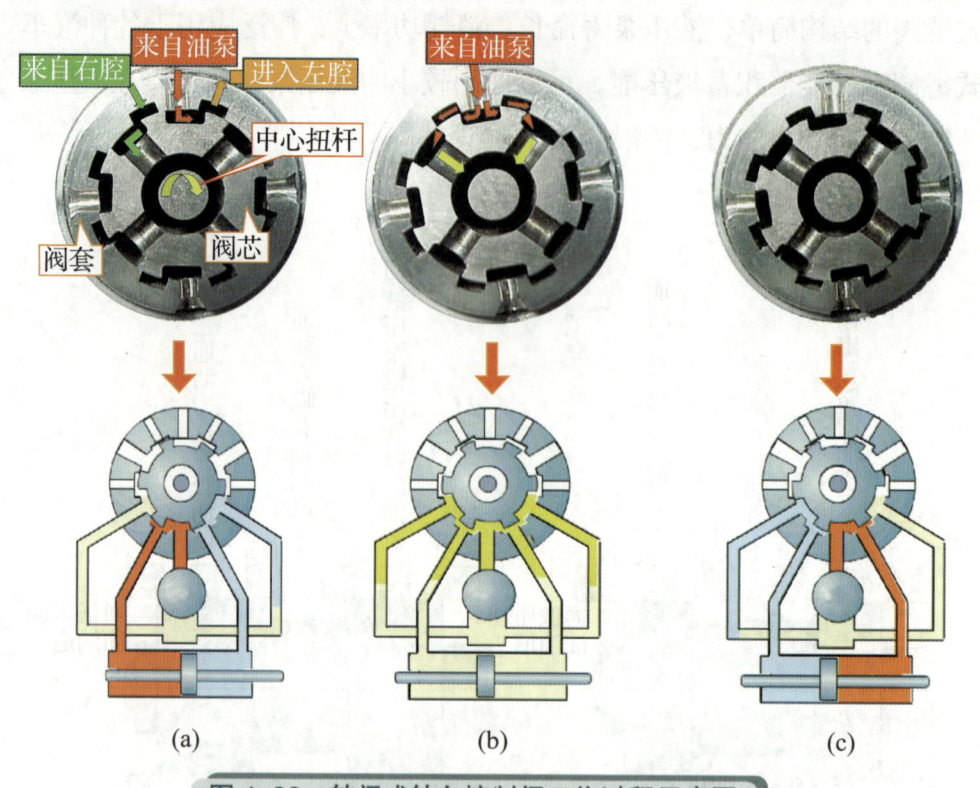

图 4-32 转阀式转向控制阀工作过程示意图
（a）汽车右转向；（b）汽车直行；（c）汽车左转向

3. 转向油罐

转向油罐的作用主要是用来储存、滤清、冷却加力装置的工作油液。

相关技能

1. 实训内容

（1）转向油泵的拆装与检修。

（2）常见动力转向系统故障的检修方法。

2. 准备工作

（1）叶片式转向油泵一台。

（2）拆卸工具、千分尺各一套。

3. 注意事项

（1）明确操作规范和职责范围，预防潜在危险。

（2）实践操作过程中保持场地卫生及安全，不嬉戏打闹。

（3）在使用举升机的过程中应将保险设置好后再开始工作。

（4）使用维修手册时，要注意避免破损，手册与使用车型相对应。

项目四 转向系统的检修

4. 操作步骤

1）转向油泵的拆装

（1）用手压住转向泵，拧松4个螺栓，拆下泵盖总成。如图4-33所示。

图4-33 拆卸转向泵紧固螺栓

（2）拆卸凸轮环，如图4-34所示。

（3）拆下转子与叶片，如图4-35所示。

图4-34 拆卸凸轮环

图4-35 拆下转子和叶片

（4）拆下轴承卡环挡圈，如图4-36所示。

（5）用塑料锤敲击泵传动轴端部，如图4-37所示；拆下泵传动轴，如图4-38所示。

（6）拆下进油管接口及压力管接头，如图4-39所示，并取出流量控制阀。

图4-36 拆下轴承卡环挡圈

图4-37 拆下泵传动轴端部

图4-38 拆下泵传动轴

图4-39 拆下压力管接头

（7）按照拆卸步骤相反的顺序进行安装。

2）转向油泵的检修

（1）叶片的测量。

检查叶片是否磨损或划伤，然后用千分尺测量叶片的长度、高度和厚度，如图4-40所示。叶片的测量方法如图4-41所示。

图4-40 叶片的测量位置

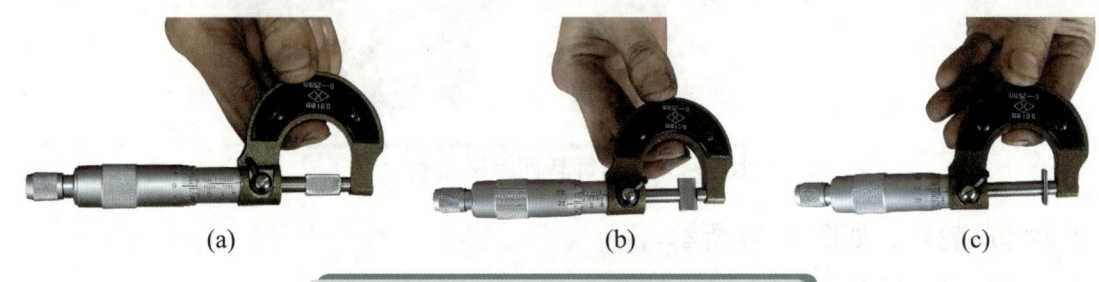

图4-41 叶片的测量方法
（a）叶片长度检查；（b）叶片高度检查；（c）叶片厚度检查

叶片长度测量值：_____。

叶片高度测量值：_____。

叶片厚度测量值：_____。

结论：_____。

（2）检查安全阀的工作压力。

如图4-42所示，在安全阀座端连接一合适的软管，再将流量控制阀浸入盛有转向油或溶剂的容器中，然后给软管通以压缩空气，观察从阀体中冒出气泡时压缩空气的压力值。若上述检测压力低于98 kPa，则应更换转向油泵总成。

（3）检查滚柱轴承。

检查滚柱轴承有无磨损或转动不自如的现象。若有，则应予更换。更换时，应按图4-43使用压力机将其从泵传动轴上拆下。

图4-42 检查安全阀的工作压力

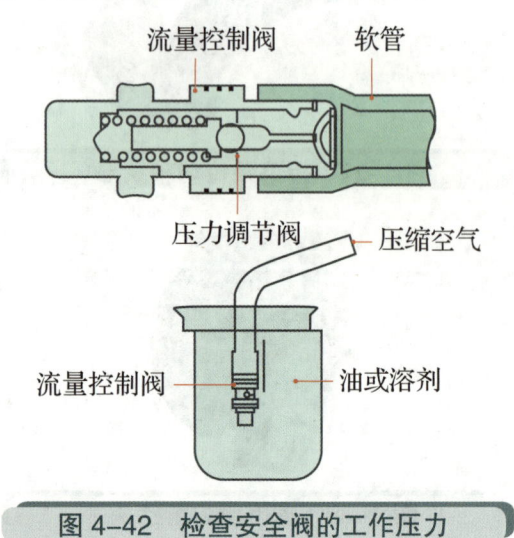

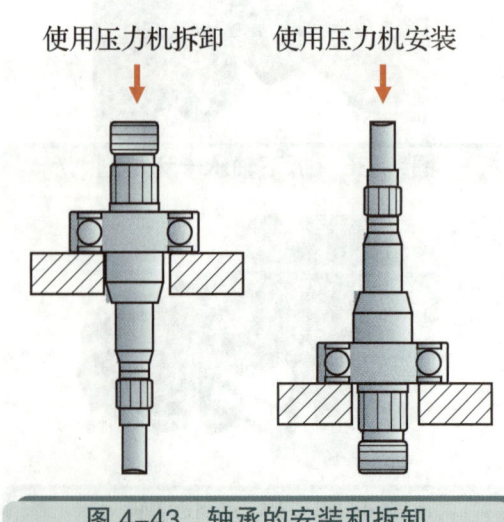

图4-43 轴承的安装和拆卸

3）常见动力转向系统故障的检修方法

（1）转向沉重。

①故障现象。

装有液压助力转向系统的汽车，在行驶中突然感到转向沉重。

②故障原因。

一般是液压转向助力系统失效或助力不足所造成的，其根本原因在于油压不足。引起转向系统油压不足的主要原因有：

- 储油罐缺油或油液高度低于规定要求。
- 液压回路中渗入了空气。
- 转向泵传动带过松或打滑。
- 各油管接头处密封不良，有泄漏现象。
- 油路堵塞或滤清器污物太多。
- 转向泵磨损、内部泄漏严重。
- 转向泵安全阀、溢流阀泄漏，弹簧弹力减弱或调整不当。
- 液压缸或转向控制阀密封损坏。

③故障诊断与排除检查转向泵驱动部分的情况。

- 用手压下转向泵的传动带，检查传动带的松紧度，若传动带过松，应调整。
- 起动发动机，使发动机处于怠速运转，突然提高发动机的转速，检查转向泵传动带有无打滑现象、其他驱动形式的齿轮传动有无损坏，发现问题后应按规定更换性能不良的部件。
- 检查储油罐内的油液质量和液面高度，若油液变质，则应重新更换规定油液。若只是液面低于规定高度，应加油使油面达到规定位置。
- 检查转向油液储油罐内的滤清器。
  ◇若发现滤网过脏，说明滤清器堵塞，应清洗。
  ◇若发现滤网破裂，说明滤清器损坏，应更换。
- 检查油路中是否渗入空气，如果发现储油罐中的油液有气泡，说明油路中有空气渗入，应检查各油管接头和接合面的螺栓是否松动，各密封件是否损坏，有无泄漏现象，油管是否破裂等。对于出现故障的部位应进行修整和更换，并进行排气操作，最后重新加入油液。
- 检查各油管接头等处有无泄漏，油路中是否有堵塞，查明故障后按规定力矩拧紧有关接头或清除污物。
- 对转向泵进行输出油压检查，如果转向泵输出压力不足，说明转向泵有故障，此时应分解转向泵，检查转向泵是否磨损或内部泄漏严重，安全阀、溢流阀是否泄漏或卡滞，弹簧弹力是否减弱或调整不当，各轴承是否烧结或严重磨损等。对于叶片泵还应检查转子上的密封圈或油封是否损坏，对于齿轮泵应检查齿轮间隙是否过大等，查明故障予以修理，必要时更换转向泵。

（2）噪声。

①故障现象。

汽车转向时，转向系统有不太大的噪声是正常现象，但当噪声过大或影响汽车的转向性能时，必须对转向系统进行检查，并排除故障。

②故障原因。

- 储油罐中液面太低，转向泵在工作时容易渗入空气。
- 液压系统中渗入空气。
- 储油罐滤网堵塞，或液压回路中有过多的沉积物。
- 油管接头松动或油管破裂。
- 转向泵严重磨损或损坏。
- 转向控制阀性能不良。

③故障诊断与排除。

- 当转向盘处于极限位置或原地慢慢转动转向盘时，转向器发出"嘶嘶"声，如果这种异响严重，则可能为转向控制阀性能不良，应更换转向控制阀。
- 当转向泵发出"嘶嘶"声或尖叫声时，应进行以下检查：
  ◇检查储油罐液面高度，液面高度不够时应查明泄漏部位并修理，然后按规定加足油液。
  ◇检查转向泵传动带是否打滑，若打滑应查明原因，更换传动带或调整传动带张紧度。
  ◇察看油液中有无泡沫，若有泡沫，应查找漏气部位并予以修理，然后排除空气。若无漏气，则说明油路有堵塞处或转向泵严重磨损及损坏，应予以修复或更换。

（3）左、右轮转向轻重不同。

①故障现象。

汽车行驶时，向左和向右转向操纵力不相等。

②故障原因。

- 转向控制阀阀芯（或滑阀）偏离中间位置，或虽然在中间位置但与阀体槽肩的缝隙大小不一致。
- 控制阀内有污物阻滞，使左、右转动阻力不同。
- 液压系统中液压缸的某一油腔渗入空气。
- 油路漏损。

③故障诊断与排除。

这种故障多是油液脏污所致，应按规定更换新油后再进行检查。

- 如果油质良好或更换新油后故障没有消除，应对液压系统进行排气并检查系统有无油液泄漏，液压系统中出现泄漏时，应更换泄漏部位的零部件。

•如果故障仍不能排除，则可能是由于控制阀定中不良造成的。滑阀式转向控制阀可在动力转向器外部进行排除，通过改变转向控制阀阀体的位置来实现。如果滑阀位置调整后仍不见好转，应拆检滑阀测量其尺寸，若偏差较大，应更换滑阀；对于转阀式转向控制阀必须通过分解检查来排除故障。

（4）直线行驶转向盘发飘或跑偏。

①故障现象。

汽车直线行驶时，难以保持正前方向而总向一边跑偏。

②故障原因。

•油液脏污、转向控制阀复位弹簧折断或变软，使转向控制阀不能及时复位。

•转向控制阀阀芯（或滑阀）偏离中间位置，或虽在中间位置但与阀体槽肩的缝隙大小不一致。

•流量控制阀卡滞使转向泵流量过大或油压管路布置不合理，造成油压系统管路节流损失过大，使液压缸左、右腔压力差过大。

③故障诊断与排除。

•首先检查油液是否脏污。对于新车或大修以后的车辆，由于不认真执行走合维护的换油规定，使油液脏污。

•对于使用较久的车辆则可能是转向控制阀复位弹簧失效所致，此时可在不起动发动机的情况下转动转向盘，凭手感判断控制阀是否开启运动自如，若有怀疑一般应拆卸检查。

•最后检查转向泵流量控制阀是否卡滞和油压管路布置是否合理，发现故障予以修理。

（5）转向时转向盘发抖。

①故障现象。

发动机工作时转向，尤其是在原地转向时，转向盘抖动。

②故障原因。

•储油罐液面低。

•油路中渗入空气。

•转向泵传动带打滑。

•转向泵输出压力不足。

•转向泵流量控制阀卡滞。

③故障诊断与排除。

•首先检查储油罐液面是否符合规定，否则按要求加注转向油液。

•排放油路中渗入的空气。

•检查转向泵传动带是否打滑或其他驱动形式的齿轮传动等有无损坏，发现问题后应按规定调整传动带张紧度或更换性能不良的部件。

•对转向泵输出压力进行检查。压力不足时应分解转向泵，检查转向泵是否磨损或内部泄漏严重、安全阀及流量控制阀是否泄漏或卡滞、弹簧弹力是否减弱或调整不当、各轴承是否烧结或严重磨损等。对于叶片式转向泵还应检查转子上的密封圈或油封是否损坏。对于齿轮式转向泵应检查齿轮间隙是否过大等。查明故障予以修理，必要时更换转向泵。如果泵轴油封泄漏，也应更换转向泵。

（6）转向盘回正不良。

①故障现象。

汽车完成转向后，转向盘不能回到中间行驶位置（直线行驶位置）。

②故障原因。

- 转向泵输出油压低。
- 液压回路中渗入空气。
- 回油软管扭曲阻塞。
- 转向控制阀或转向液压缸发卡。
- 转向控制阀定中不良。

③故障诊断与排除。

- 对液压系统进行排气操作，排气后按规定加足转向油液。
- 检查转向泵输出油压，若油压不足应拆检转向泵，检查转向泵是否磨损或内部泄漏严重、安全阀及流量控制阀是否泄漏或卡滞、弹簧弹力是否减弱或调整不当、各轴承是否烧结或严重磨损等。查明故障予以修理，必要时更换转向泵。如果泵轴油封泄漏，也应更换转向泵。
- 检查回油软管是否阻塞，如有应更换回油软管。
- 拆检转向控制阀或转向液压缸，查明故障原因，然后视情况进行修复，对于损坏的零件应更换。

5. 技能总结

思考与练习

一、填空题

1. 转向系统可按转向能源的不同分为_____和_____两大类。
2. 机械式转向系统由_____、_____和_____三大部分组成。
3. 循环球式转向器中一般有两级传动副，第一级是_____传动副，第二级是_____传动副。
4. 齿轮齿条式转向器传动副的主动件是_____，从动件是_____。

二、判断题

1. 动力转向系统是在机械转向系统的基础上加设一套转向加力装置而形成的。（　　）
2. 采用动力转向系统的汽车，当转向加力装置失效时，汽车也就无法转向了。（　　）
3. 循环球式转向器中，钢球数量增加时，可提高承载能力，但降低传动效率。（　　）
4. 转向传动机构是指转向盘至转向器间的所有连杆部件。（　　）

三、选择题

1. 循环球式转向器中的转向螺母可以（　　）。
   A. 转动　　　B. 轴向移动　　　C. A、B均可　　　D. A、B均不可
2. 采用齿轮齿条式转向器时，无须（　　），所以结构简单。
   A. 转向节臂　　B. 转向摇臂　　C. 转向直拉杆　　D. 转向横拉杆
3. 液压动力转向的油泵是由（　　）驱动的。
   A. 发动机　　　B. 电动机　　　C. 变速器　　　D. 人力
4. 蜗轮指销式转向器的传动副是（　　）。
   A. 螺杆、螺母　B. 蜗杆和指销　C. 曲柄和指销　D. 齿条和齿扇

四、问答题

1. 转向系统的作用是什么？
2. 转向器的作用是什么？

项目五

制动系统的检修

项目描述

每一辆汽车上都安装有行车制动系统和驻车制动系统。其中，行车制动系统的作用是使行驶中的汽车减速，直至停车，它是行车途中使用最频繁的一种制动装置，其工作性能的优劣，直接决定着汽车行驶的安全性。当制动系统出现故障时，必须及时排除；当汽车的制动性能达不到指标时，应及早检查维修，使其保持良好的技术状况。

任务一　盘式制动器的检修

任务目标

完成本学习任务后，学生在基础知识和基本技能方面应达到以下要求。

知识目标

（1）了解盘式制动器的分类。

（2）掌握盘式制动器的结构及原理。

能力目标

（1）会正确拆装盘式制动器。

（2）会测量及检查盘式制动器的性能。

任务引入

对于盘式制动器而言，除制动液压系统及其控制装置的故障外，盘式制动器本身所引起的故障主要原因有摩擦片的磨损；制动盘的磨损；制动钳的故障。当摩擦片及制动盘磨损严重时必须更换；当制动钳出现故障时，应拆下检修。

相关知识

一、盘式制动器的组成

盘式制动器主要由制动盘、轮缸、制动钳和制动摩擦块等组成，如图5-1所示。

盘式制动器摩擦副中的旋转元件是以端面工作的金属圆盘，称为制动盘。摩擦元件从两侧夹紧制动盘而产生制动。固定元件则有多种结构形式，大体上可将盘式制动器分为钳盘式和全盘式两类。

图5-1 盘式制动器的组成

二、钳盘式制动器的结构原理

在钳盘式制动器中，由工作面积不大的摩擦块与其金属背板组成制动块。每个制动器中一般有2~4块。这些制动块及其促动装置都装在横跨制动盘两侧的夹钳形支架中，称为制动钳。钳盘式制动器散热能力强，热稳定性好，广泛应用于轿车和轻型货车上。

钳盘式制动器按制动钳的结构型式可分为固定钳盘式和浮动钳盘式两种。

1. 固定钳盘式制动器

固定钳盘式制动器的制动钳固定安装在车桥上，既不能旋转，也不能沿制动盘轴线方向移动，因而必须在制动盘两侧都安装制动块促动装置，以便分别将两侧的制动块压向制动盘。

固定钳盘式制动器的结构原理如图5-2所示。

当汽车制动时,制动油液被压入内外两油缸中,在液压作用下两活塞带动两侧制动块做相向移动压紧制动盘,产生摩擦力矩。在活塞移动过程中,矩形橡胶密封圈的刃边在活塞摩擦力的作用下随活塞移动而产生微量的弹性变形。

当汽车解除制动时,活塞和制动块依靠密封圈的弹力回位。由于矩形密封圈的刃边变形量很小,在不制动时,制动块摩擦片与制动盘之间的间隙每边都只有0.1 mm左右,以保证解除制动。制动盘受热膨胀时,厚度方面只有微小的变化,故不会发生"拖滞"现象。

若制动块摩擦片与制动盘的间隙因磨损加大,制动时活塞密封圈变形达到极限后,活塞仍可在液压作用下,克服密封圈的摩擦力,继续移动,直到摩擦片压紧制动盘为止,但解除制动时,矩形密封圈所能将活塞推回的距离同摩擦片磨损之前是相同的,即摩擦片与制动盘间隙仍保持标准值。由此可见,矩形密封圈能兼起活塞复位弹簧和自动调整制动器间隙的作用。

2. 浮动钳盘式制动器

浮动钳盘式制动器的制动钳一般设计成可以相对于制动盘的滑动。其中只在制动盘的内侧设置油缸,而外侧的制动块附装在钳体上。其结构如图5-3所示。

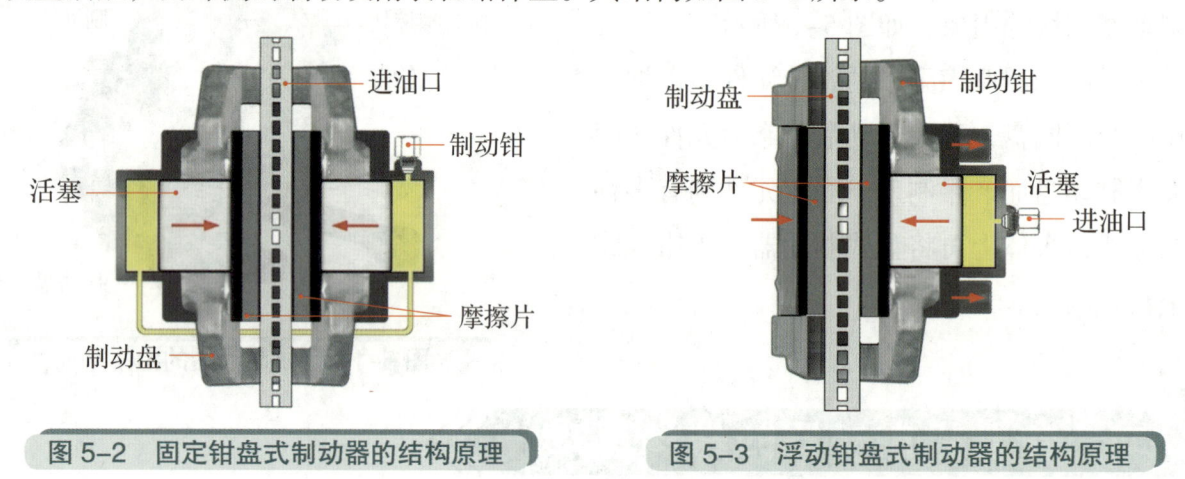

图5-2 固定钳盘式制动器的结构原理

图5-3 浮动钳盘式制动器的结构原理

浮动钳式制动器的制动钳可相对于制动盘移动,只在制动盘的内侧设置油缸,外侧的制动衬块装在钳体上,制动卡钳的钳体靠两个销子安装在转向节上,允许卡钳沿销子前后滑动,制动盘两侧都有摩擦块。

当汽车制动时,活塞推动内侧摩擦块靠到制动盘,与活塞运动方向相反的力则推动卡钳体沿销子移动,使外侧摩擦块与制动盘的另一侧接触,完成制动。活塞上的橡胶密封圈在制动时变形,解除制动时便恢复原状,使活塞回位,制动摩擦块与制动盘脱离接触。与固定钳式制动器相反,浮动钳式制动器的单侧油缸结构不需要跨越制动盘的油道,故不仅轴向和径向尺寸较小,有可能布置得更接近车轮轮辐,而且制动液受热汽化的机会较少。

三、全盘式制动器的结构原理

在重型载货汽车上，要求有更大的制动力，为此采用全盘式制动器，如图 5-4 所示。全盘式制动器摩擦副的固定元件和旋转元件都是圆盘形的，分别称为固定盘和旋转盘。制动盘的全部工作面可同时与摩擦片接触，其结构原理与摩擦离合器相似。

图 5-4　全盘式制动器

相关技能

1. 实训内容

（1）盘式制动器的拆装。
（2）盘式制动器的检修。

2. 准备工作

（1）轿车一辆。
（2）拆装工具一套，工具车一台，工具箱、百分表、游标卡尺、千分尺各一套。
（3）维修手册一本。

3. 注意事项

（1）明确操作规范和职责范围，预防潜在危险。
（2）实践操作过程中保持场地卫生及安全，不嬉戏打闹。
（3）在使用举升机的过程中应将保险设置好后再开始工作。
（4）使用维修手册时，要注意避免破损，手册与使用车型相对应。

4. 操作步骤

1）盘式制动器的拆装

（1）用托顶将车辆顶起至合适位置，如图 5-5 所示。用木块抵住后轮，防止在拆卸前轮时车辆后移，对操作者带来危险，如图 5-6 所示。

图 5-5　将车辆顶起至合适位置　　　　图 5-6　用木块抵住后轮

汽车底盘机械系统检修

（2）拆卸前车轮紧固螺栓，并取下前车轮，如图5-7所示。将车轮置于底盘下，防止应托顶意外下降，车辆坠落，对操作者带来伤害，如图5-8所示。

图5-7　拆卸前车轮紧固螺栓

图5-8　将车轮置于底盘下

（3）拆卸制动钳壳体紧固螺栓，如图5-9所示。将制动钳壳体往上翻，取出两块制动摩擦片，如图5-10所示。

图5-9　拆卸制动钳壳体紧固螺栓

图5-10　取出两块制动摩擦片

（4）放下制动钳壳体，如图5-11所示。拆卸2颗制动钳支架紧固螺栓，如图5-12所示。

图5-11　放下制动钳壳体

图5-12　拆卸制动钳支架紧固螺栓

（5）用钩绳将制动钳总成置于悬架上方，如图5-13所示。

图5-13　用钩绳将制动钳总成置于悬架上方

（6）用榔头敲击制动盘中间部位，使其与车轮旋转体法兰脱开，如图5-14所示。

图5-14 脱开制动盘

（7）安装时，按与拆卸步骤相反的顺序装配。

2）盘式制动器的检修

（1）制动盘厚度的检查。

检查制动盘厚度时，可用游标卡尺或千分尺直接测量，如图5-15所示。

测量值：_____。

极限值：_____。

标准厚度：_____。

结论：_____。

图5-15 制动盘厚度的检查

（2）制动盘端面圆跳动的检查。

制动盘端面圆跳动过大会使制动踏板抖动或制动衬片磨损不均匀。检查制动盘端面圆跳动可用百分表进行，如图5-16所示。轴向跳动量应不大于0.06 mm。不符合要求时可进行机加工修复（注：加工后的厚度不得小于8 mm）或更换。

制动盘轴向圆跳动量测量值：_____。

结论：_____。

（3）制动块厚度的检查。

若制动块已拆下，可直接用游标卡尺测量，如图5-17所示。制动块摩擦片的厚度为14 mm（不包括底板），使用极限为7 mm。若车轮未拆下，对外侧的摩擦片，可通过轮辐上的检视孔，用手电筒目测检查，对内侧摩擦片，可利用反光镜进行目测。

制动片厚度测量值：_____。

使用极限值：_____。

标准值：_____。

结论：_____。

图 5-16 制动盘端面圆跳动的检查

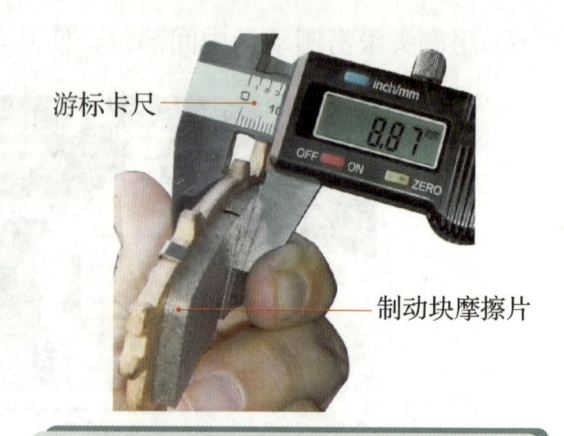

图 5-17 制动块厚度的检查

5. 技能总结

任务二 鼓式制动器的检修

任务目标

完成本学习任务后,学生在基础知识和基本技能方面应达到以下要求。

知识目标

(1) 了解驻车制动器的功用。

(2) 掌握鼓式制动器的组成及工作原理。

(3) 熟悉鼓式制动器的类型。

能力目标

（1）会正确拆卸鼓式制动器。

（2）会测量制动鼓的内径，并判断制动鼓的磨损情况。

（3）会测量制动蹄片的厚度，并判断制动蹄片的磨损情况。

（4）会对驻车制动器杆系进行调整。

任务引入

鼓式制动器的主要作用是利用传动机构使制动蹄紧压摩擦片，以产生强大的制动力作用，使车轮减速或停车。另外，制动器还有其他的辅助机构，如驻车制动，以确保能够在长时间的作用下仍然起作用。

相关知识

一、鼓式制动器的组成

鼓式制动器主要由制动底板、制动器毂、制动蹄、轮缸、复位弹簧和支承销等零部件组成，如图5-18所示。制动底板由钢板冲压而成，安装在轮毂轴的固定位置上，内侧装有制动蹄、轮缸、复位弹簧和支承销，承受制动时的转矩。每一个制动器毂有一对制动蹄，制动蹄上有摩擦衬片。制动器毂由铸铁（有些是铝合金）制成，安装在轮毂上，是随车轮一起旋转的部件。

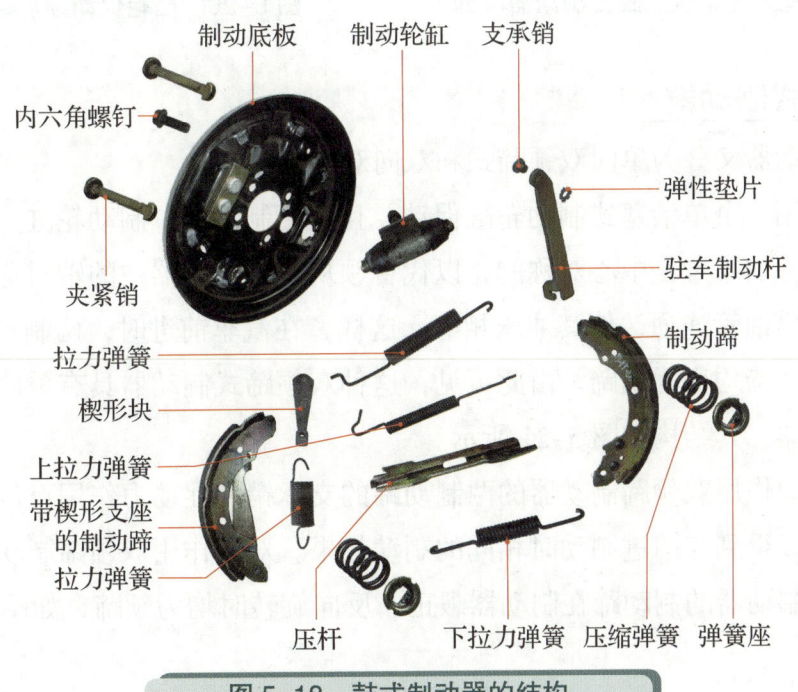

图 5-18　鼓式制动器的结构

二、鼓式制动器的类型

鼓式制动器是利用制动蹄片挤压制动器毂来获得制动力的。按制动蹄的受力情况不同，鼓式制动器可分为领从蹄式（轮缸促动、凸轮促动）、双领蹄式（双向作用、单向作用）、自动增力式等。

1. 领从蹄式制动器

轮缸促动领从蹄式制动器如图 5-19 所示，制动蹄促动装置为一双活塞轮缸，制动蹄在弹簧拉力作用下与轮缸活塞靠紧。两个制动蹄各有一个支点，一个蹄在轮缸促动力作用下张开时的旋转方向与制动器毂的旋转方向一致，称为领蹄；另一个蹄张开时的旋转方向与制动器毂的旋转方向相反，称为从蹄。领蹄在摩擦力的作用下，蹄和毂之间的正压力较大，制动作用较强。从蹄在摩擦力的作用下，蹄和毂之间的正压力较小，制动作用较弱。

凸轮促动领从蹄式制动器如图 5-20 所示。这类制动器只是将轮缸促动中的活塞轮缸换为凸轮机构来使制动蹄工作的，多用于大型货车上。

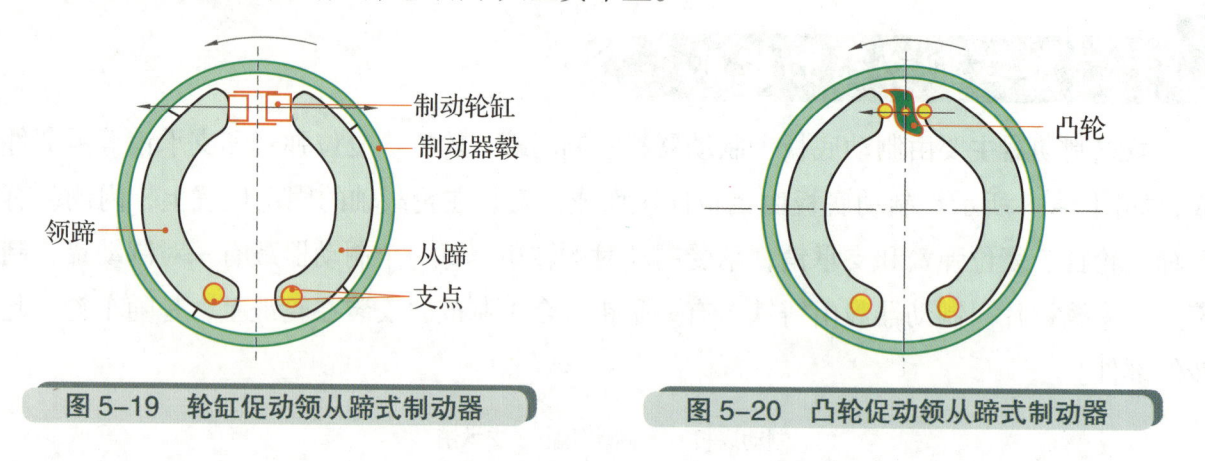

图 5-19 轮缸促动领从蹄式制动器

图 5-20 凸轮促动领从蹄式制动器

2. 双领蹄式制动器

双领蹄式制动器又分为单向双领蹄式和双向双领蹄式两种。

两制动蹄各用一个单活塞式制动轮缸促动，且两套制动蹄、制动轮缸、支承销和调整凸轮等在制动底板上的布置是中心对称的，以代替领从蹄式制动器中的轴对称布置。等直径的两个制动轮缸可借油管连通，使其油压相等。这样，在汽车前进时，两制动蹄均为领蹄；但在倒车时，两制动蹄均变为从蹄。由此可见，这种双领蹄式制动器具有单向作用，即称为单向双领碲式制动器。其结构如图 5-21 所示。

如果能使单向作用双领蹄制动器的两制动蹄的支承销和促动力作用点位置互换，那么在倒车制动时就可以得到与前进制动时相同的制动效果。双向作用双领蹄制动器的设计就是基于此设想，该类制动器的制动蹄在制动器毂正、反向旋转时均为领蹄，如图 5-22 所示。

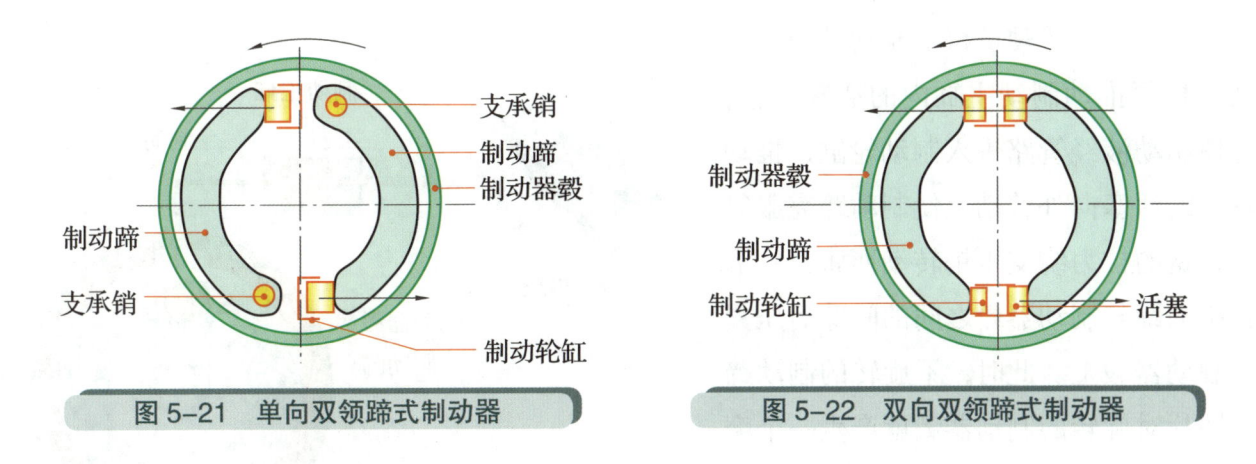

图 5-21　单向双领蹄式制动器

图 5-22　双向双领蹄式制动器

3. 自动增力式制动器

自动增力式制动器又分为单向自增力式制动器和双向自增力式制动器，在结构上只是制动轮缸中的活塞数目不同而已，如图 5-23 所示。单向自增力式制动器只在汽车前进时起自增力作用，使用单活塞制动轮缸；双向自增力式制动器在汽车前进或倒车制动时都能起自增力作用，使用双活塞制动轮缸。

自动增力式制动器制动效能好，但其制动效能对摩擦因数的依赖性最大，因而其稳定性最差；此外，在制动过程中自动增力式制动器制动力矩的增长在某些情况下显得过于急速。因此，单向自增力式制动器只用于中、轻型汽车的前轮，而双向自增力式制动器由于可兼作驻车制动器而广泛用于轿车后轮。

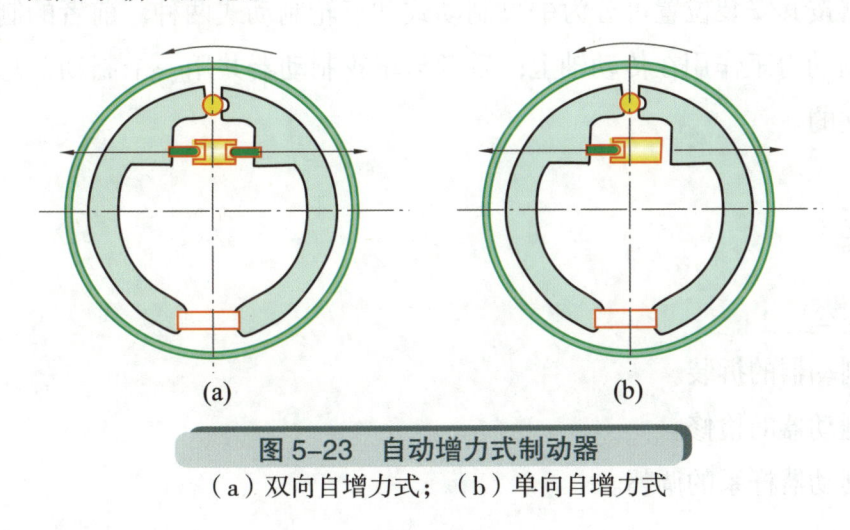

图 5-23　自动增力式制动器
（a）双向自增力式；（b）单向自增力式

三、鼓式制动器的工作原理

鼓式制动器的工作原理如图 5-24 所示。

当汽车行驶中不需要制动时，制动踏板处于自由状态，制动主缸无制动液输出，制动蹄在复位弹簧的作用下压靠在轮缸活塞上，制动器毂的内圆柱面与摩擦片之间保留一定间隙，制动器毂可以随车轮一起旋转。

制动时，驾驶员踩下制动踏板，主缸推杆便推动制动主缸内的活塞前移，迫使制动液经管路进入制动轮缸，推动轮缸的活塞向外移动，使制动蹄克服复位弹簧的拉力绕支承销转动而张开，消除制动蹄与制动器毂之间的间隙后压紧在制动器毂上。此时，不旋转的制动蹄摩擦片对旋转的制动器毂就产生一个摩擦力矩，其方向与车轮的旋转方向相反。

放松制动踏板，在复位弹簧的作用下，制动蹄与制动器毂的间隙又得以恢复，从而解除制动。

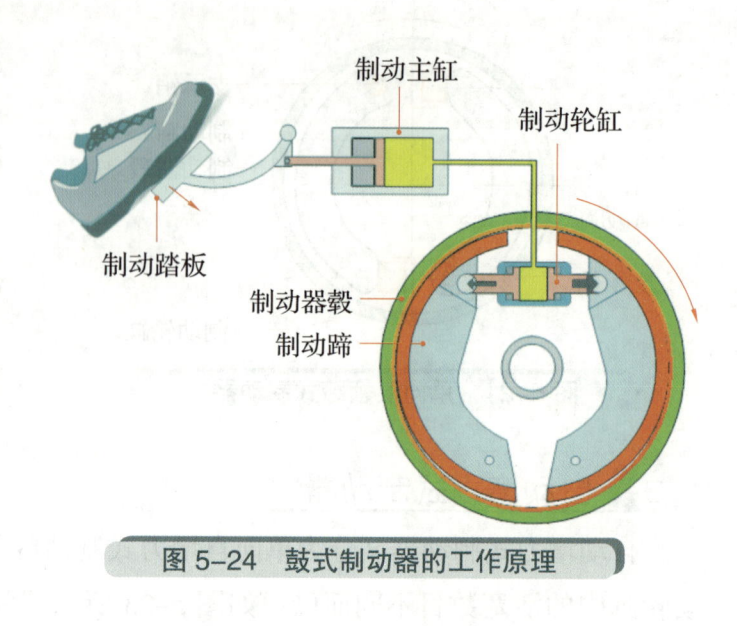

图 5-24 鼓式制动器的工作原理

四、驻车制动器

驻车制动器的功用是使停驶的汽车驻留原地不动；便于在坡道上起步；行车制动器失效后临时使用或配合行车制动器进行紧急制动。

驻车制动器按其安装位置可分为中央制动式和车轮制动式两种。前者的制动器安装在变速器的后面，制动力矩作用在传动轴上；后者与车轮制动器共用一个制动器总成，只是传动机构是相互独立的。

相关技能

1. 实训内容

（1）鼓式制动器的拆装。
（2）鼓式制动器的检修。
（3）驻车制动器杆系的调整。

2. 准备工作

（1）轿车一辆。
（2）拆装工具一套，工具车一台，工具箱、游标卡尺、制动器毂圆度测量工具各一套。
（3）维修手册一本。

3. 注意事项

（1）明确操作规范和职责范围，预防潜在危险。

（2）实践操作过程中保持场地卫生及安全，不嬉戏打闹。

（3）在使用举升机的过程中应将保险设置好后再开始工作。

（4）使用维修手册时，要注意避免破损，手册与使用车型相对应。

4. 操作步骤

1）鼓式制动器的拆装

（1）将车辆举升至合适位置，拆卸轮胎紧固螺母，取下轮胎，如图 5-25 所示。

（2）用撬起撬出车轮轮毂罩盖，如图 5-26 所示。

图 5-25　拆卸轮胎紧固螺母

图 5-26　用撬起撬出车轮轮毂罩盖

（3）使用套筒工具拆卸车轮轮毂螺母，如图 5-27 所示。

图 5-27　拆卸车轮轮毂螺母

（4）用榔头轻轻敲击制动器毂两侧，取下制动器毂，如图 5-28 所示。

（5）使用钳子将拉力弹簧取下，如图 5-29 所示。

图 5-28　取下制动器毂

图 5-29　用钳子将拉力弹簧取下

(6）用尖嘴钳取下左右制动蹄固定座，如图5-30所示。

图5-30　用尖嘴钳取下左右制动蹄固定座

（7）取下制动蹄总成，如图5-31所示。脱开驻车制动器拉索，如图5-32所示。

图5-31　取下制动蹄总成　　　　图5-32　脱开驻车制动器拉索

（8）拆卸制动油管，如图5-33所示。用橡胶塞堵住制动油管，防止制动液流出，如图5-34所示。

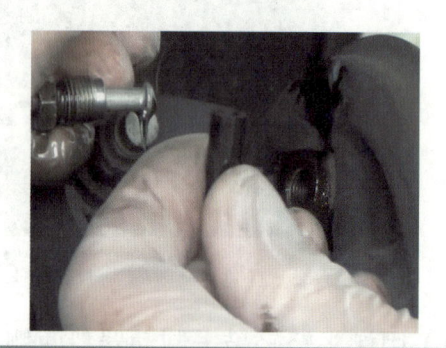

图5-33　拆卸制动油管　　　　图5-34　用橡胶塞堵住制动油管

（9）拆卸制动轮缸的两个紧固螺栓，取下制动轮缸，如图5-35所示。

图5-35　拆卸制动轮缸紧固螺栓，取下制动轮缸

（10）安装时，按与拆卸步骤相反的顺序装配。

2）鼓式制动器的检修

（1）制动蹄厚度的检查。

用游标卡尺测量制动蹄的厚度，标准值为 5 mm，使用极限为 2.5 mm，测量方法如图 5-36 所示。如果制动蹄摩擦衬片的厚度小于最小厚度或出现单边不均匀磨损，则应更换制动蹄摩擦衬片。

测量值：_____。

极限值：_____。

结论：_____。

图 5-36 制动蹄厚度的测量

（2）制动器毂内孔磨损与尺寸的检查。

应首先检查制动器毂内孔有无烧损、刮痕和凹陷，若有可修磨加工，并用游标卡尺检查制动器毂内径（图 5-37），标准值为 180 mm，使用极限为 181 mm。如图 5-38 所示，用专用量具测量制动器毂内孔的圆度，使用极限为 0.03 mm，超过极限应更换制动器毂。

图 5-37 测量制动器毂内径

图 5-38 测量制动器毂的圆度

制动器毂内径测量值：_____。

制动器毂内径标准值：_____。

制动器毂内径极限值：_____。

结论：_____。

（3）制动蹄片与制动器毂接触面积的检查。

如图 5-39 所示，将制动蹄片表面打磨干净后，靠在制动器毂上，检查二者的接触面积，应不小于 60%，否则应继续打磨制动蹄片的表面。

图 5-39 检查制动蹄片与制动器毂内径的接触面积

(4)制动器定位弹簧及复位弹簧的检查。

如图5-40所示,检查后制动器定位弹簧、上复位弹簧、下复位弹簧和楔形调整板拉簧的自由长度,若增长率达到5%,则应更换新弹簧。

(5)制动分泵缸体与活塞的检查。

如图5-41所示,首先应检查制动分泵泵体内孔与活塞外圆表面的烧蚀、刮伤和磨损情况,然后测出分泵内孔孔径、活塞外圆直径,并计算出活塞与泵体的间隙,标准值为0.04~0.106 mm,使用极限为0.15 mm。

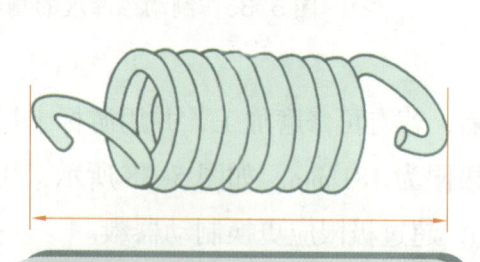

图5-40 检查制动器定位弹簧及复位弹簧的自由长度

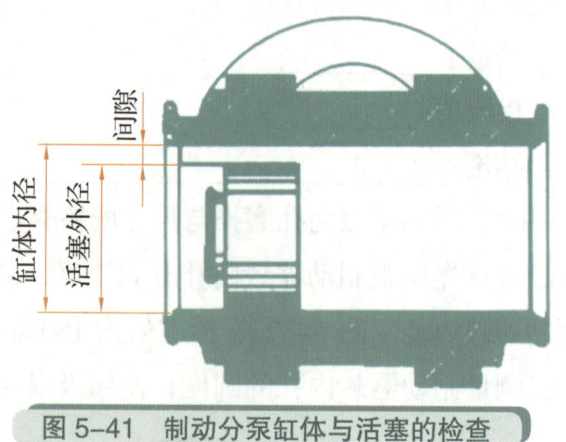

图5-41 制动分泵缸体与活塞的检查

3)驻车制动器杆系的调整

如果驻车制动达不到所需要求,或者更换驻车制动器拉索后,都必须对系统进行调整,否则驻车制动器的制动效能会变差。踩下踏板或拉动操纵杆时,有的维修手册常根据听到的棘爪棘轮的"咔"声数判定驻车制动器的调整是否正确。如,有的车辆规定棘爪棘轮之间的"咔"声为5~7响,有的车辆则是9~13响。调整驻车制动器的杆系之前必须先检查行车制动器的性能。行车制动器的性能必须良好,否则会影响驻车制动器的调整。

驻车制动器杆系的调整步骤如下:

(1)将驻车制动器拉紧。

(2)将汽车用举升机举起再用支架支撑稳妥(汽车车轮脱离地面,以便能够自由转动),拉紧驻车制动时,车轮应不能被转动。

(3)仔细检查驻车制动整个拉索是否有损坏的迹象。

(4)清洁拉索表面,用渗透力较强的润滑油喷到拉索所有暴露金属的部分,确保拉索的润滑和活动自如。

(5)检查拉索的调整装置,将螺纹等部分清洁干净,并润滑。

(6)松开调整锁紧螺母,通过拧紧调整螺母调整驻车制动器,如图5-42所示。

图5-42 调整螺母

（7）当驻车制动车轮不能再转动时，停止拧紧调整车轮。

（8）将车辆降到地面上，以消除悬架上的应力变形引起驻车制动拉索工作长度的改变，松开驻车制动。

（9）将车辆用举升机举起，用手转动车轮，当驻车制动对车轮稍有拖滞，则驻车制动调整基本适当。

（10）正确调整之后，拧紧调整锁紧螺母，对拉索调整装置表面涂一层防锈剂。

5. 技能总结

_____
_____
_____
_____
_____

任务三　制动传动装置的检修

任务目标

完成本学习任务后，学生在基础知识和基本技能方面应达到以下要求。

知识目标

（1）了解电控底盘控制系统的发展趋势。

（2）掌握电控底盘控制系统在汽车上的应用情况。

能力目标

（1）能理解电控底盘控制技术的应用。

（2）能说明底盘控制系统的发展趋势。

任务引入

汽车制动传动装置是将驾驶员或其他动力源的作用力传到制动器，同时控制制动器工作，从而获得所需要的制动力矩。制动传动装置按传力介质的不同可分为液压式、气压式和气、液综合式；按制动管路的套数不同可分为单管路式和双管路式。现代汽车的行车制动系统采用双管路制动传动装置，单管路制动传动装置已被淘汰。本任务主要讲解液压式制动传动装置。

相关知识

一、液压式制动传动装置管路的布置形式

液压制动传动装置常见的布置形式有单管路和双管路两种。

1. 单管路液压传动装置

单管路是利用一个制动主缸，通过一套相互连通的管路控制全车制动器。若传动装置中一处漏油，会使整个制动系统失效。目前已经很少采用。

2. 双管路液压传动装置

双管路是利用两个彼此独立的液压系统。当一个液压系统发生故障时，另一个液压系统仍然照常工作，从而提高了汽车制动的可靠性和安全性。现代汽车都采用双管路传动装置。

常见的双管路液压传动装置的布置形式有H形、X形和双T形等，如图5-43所示。

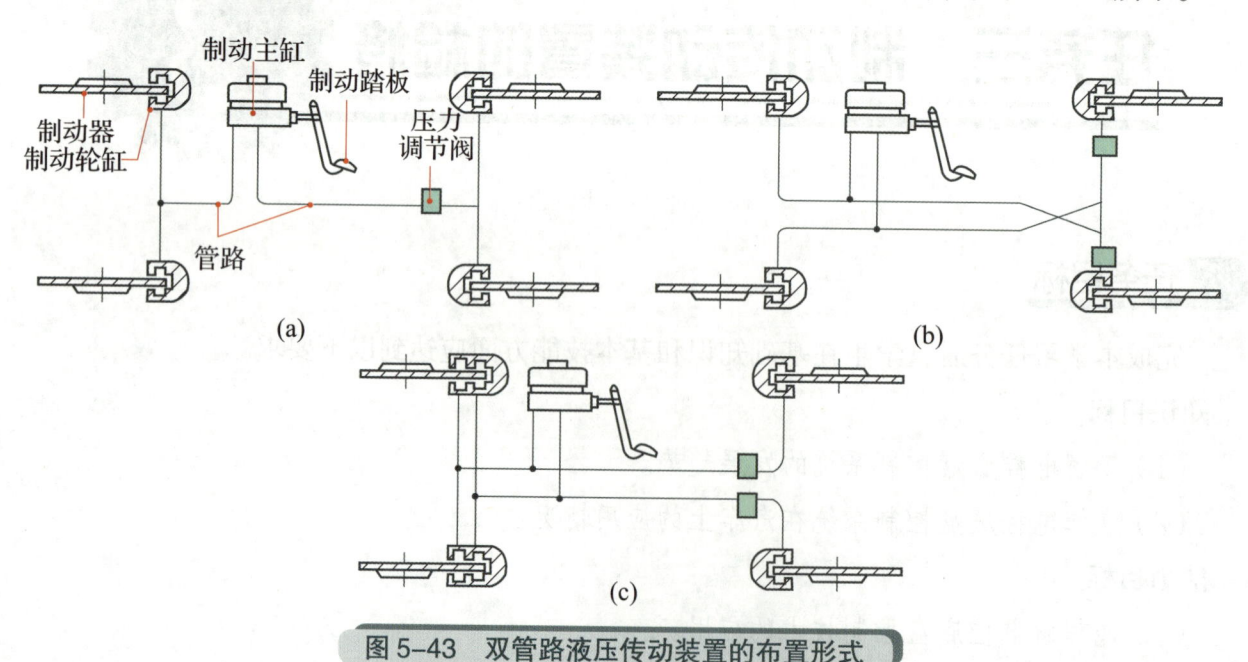

图5-43 双管路液压传动装置的布置形式
（a）H形布置；（b）X形布置；（c）双T形布置

1）H 形布置

H 形管路是两前轮共用一条管路，两后轮共用另一条管路。当前轮管路出现故障时，整车的制动力严重减少，故不能用于轿车，一般用于载重汽车。

2）X 形布置

X 形管路是对角线上的前、后轮共用一条管路。当任一条管路出现故障时，都有一前轮和一后轮承担制动作用，制动力都减少一半。但由于制动力对汽车质心的力矩作用，制动时汽车易跑偏。

3）双 T 形布置

双 T 形管路为了充分利用前轮的制动作用，采用两前轮和一后轮共用一条管路，每个前轮的两条管路是独立的。为此，前轮制动轮缸采用双腔结构。当任一管路出现故障时，都有两前轮和一后轮产生制动作用，制动性能较高。但制动系统结构复杂，成本较高。

二、液压式制动传动装置的组成及原理

液压式制动传动装置是利用特制油液作为传力介质，将制动踏板力转换为油液压力，并通过管路传至车轮制动器，再将油液压力转变为制动蹄张开的推力。

制动时，驾驶员踩下制动踏板，通过助力器助力后，使主缸内的活塞移动，将制动液从主缸内压出，并经管路分别进入前后轮制动轮缸内，使轮缸活塞移动，从而将制动蹄压靠在制动器毂、制动盘上，从而产生制动作用。

解除制动时，驾驶员放松制动踏板，制动蹄和轮缸活塞在复位弹簧的作用下复位，将制动液压回制动主缸，制动作用解除。

液压制动传动机构主要由制动踏板、推杆、真空助力器、储液罐、制动主缸、制动轮缸以及管路等组成，如图 5-44 所示。

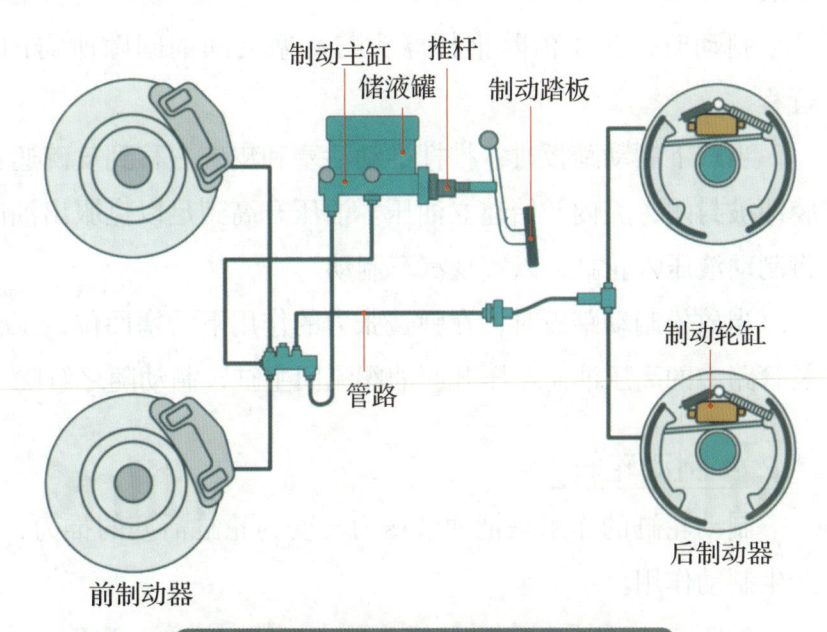

图 5-44　液压制动传动机构的组成

1. 制动主缸

制动主缸的作用是将踏板输入的机械能转换成液压能。制动主缸一般由铸铁制成，其上开有进油孔和补偿孔，储油

罐中的制动油液经此两孔与主缸相通。缸体内装有活塞，沿周向均匀制有若干个轴向通孔。推杆经一系列传力杆件与制动踏板相连，其半球形端头伸入活塞背面的凹部。其内部结构如图 5-45 所示。

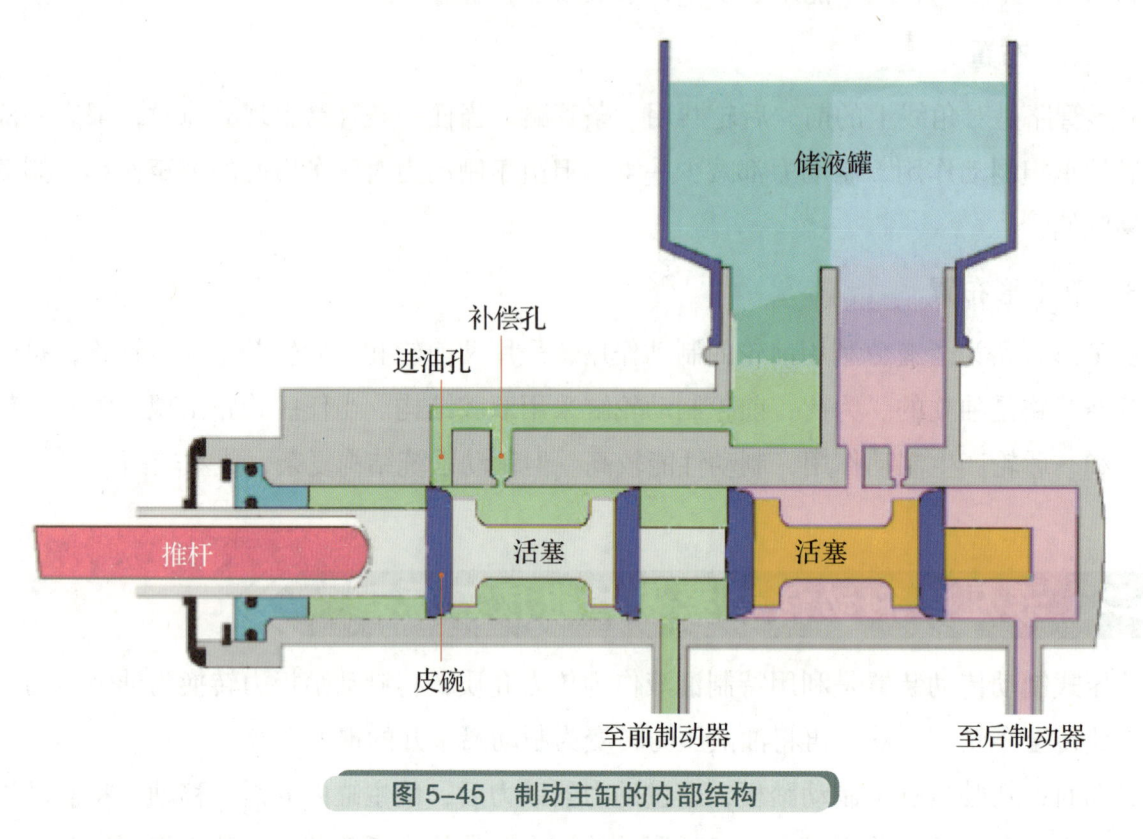

图 5-45 制动主缸的内部结构

不制动时，推杆球头端与活塞之间保留有一定的间隙，以保证活塞在弹簧的作用下完全回复到最左端位置，活塞与皮碗正好位于进油孔和补偿孔之间，活塞两侧腔室均充满了制动油液。

制动时，为了消除推杆球头与活塞之间的间隙所需的踏板行程，称为制动踏板自由行程。

当踩下制动踏板时，推杆推动活塞和皮碗右移到皮碗遮盖住补偿孔后，活塞右侧的工作腔即被封闭，腔内开始建立油压。油压升高到足以克服出油阀弹簧的预紧力时，推开出油阀将制动液压入轮缸，以实现汽车制动。

当放松制动踏板时，在弹簧张力的作用下活塞回位，工作腔容积增大，油压降低，轮缸及管路中的高压油向左压开回油阀流回主缸，制动随之解除。

2. 制动轮缸

制动轮缸的作用是把油液压力转变为轮缸活塞的推力，推力制动蹄压靠在制动器毂上，产生制动作用。

如图 5-46 所示，制动轮缸主要由缸体、活塞、皮碗、弹簧和放气螺钉组成。

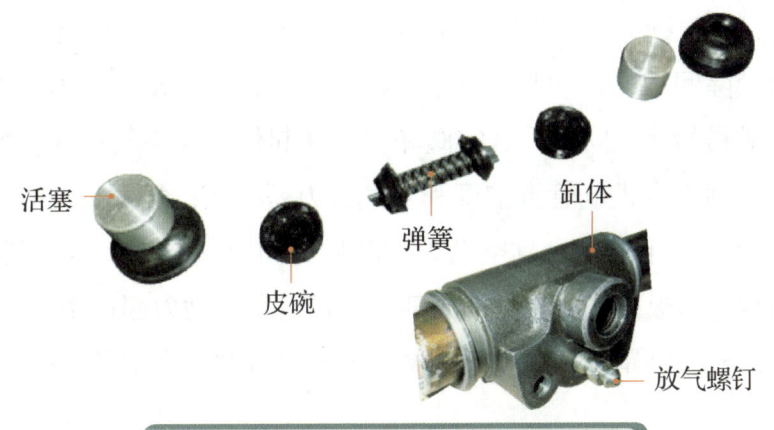

图 5-46 制动轮缸的组成

制动轮缸的缸体通常用螺钉固装在制动底板上,位于两制动蹄之间,内装铝合金活塞,密封皮碗的刃口方向朝内,并由弹簧压靠在活塞上与其同步运动。活塞外端压有顶块并与制动蹄的上端相抵紧。在缸体的另一端装有防护罩,可防止尘土的侵入。缸体上方装有放气螺塞,以便放出液压系统中的空气。

制动轮缸的工作原理如图 5-47 所示,当制动轮缸受到液压作用后,顶出活塞,使制动蹄扩张。松开制动踏板,液压力消失,靠制动蹄复位弹簧的力,使活塞回位。

3. 真空助力器

真空助力器是利用真空能(负气压能)对制动踏板进行助力的装置,对其控制是利用踏板机构直接操纵。其结构如图 5-48 所示。

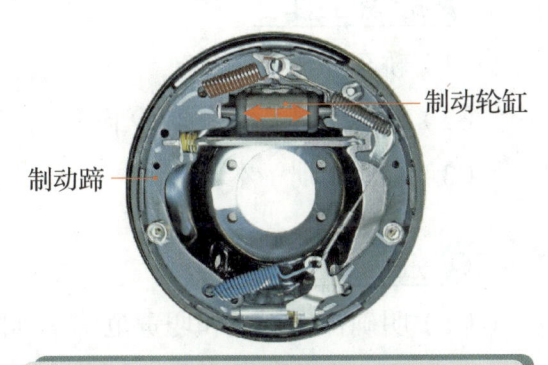

图 5-47 制动轮缸的工作原理

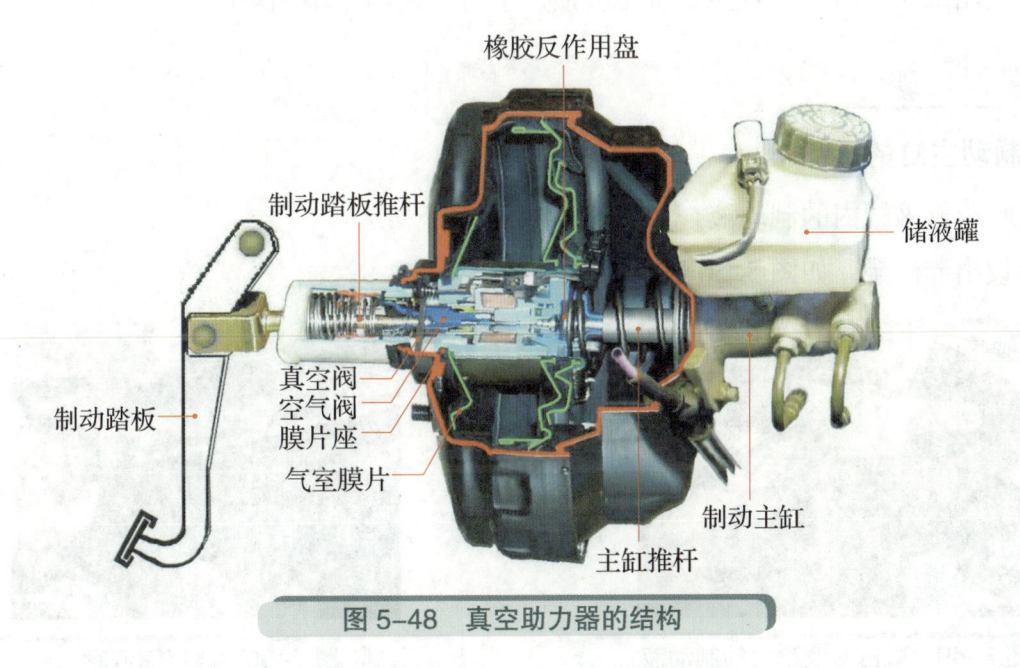

图 5-48 真空助力器的结构

发动机工作时，真空助力器起作用。制动时，踏下制动踏板，踏板推杆和空气阀向前推，压缩橡胶反作用盘消除间隙，推动制动主缸推杆向前移，使制动主缸压力升高并传至各制动器，此时动力由驾驶员给出；同时，真空阀和空气阀起作用，空气进入腔室，推动膜片座前移，产生助力作用，助力由进气管真空度和空气压力差决定；强力制动时，踏板力可直接作用在踏板推杆并传至主缸推杆上，真空助力与踏板力同时起作用，强力建立制动主缸压力，强力制动维持制动时，踏板可停留在踏下的某个位置，真空助力起作用，维持制动作用。

解除制动时，放松制动踏板，真空助力器回到原始位置，等待下一次制动。

相关技能

1. 实训内容

制动主缸的拆卸与检修。

2. 准备工作

（1）轿车一辆。
（2）拆装工具一套，工具车一台，工具箱一套。
（3）维修手册一本。

3. 注意事项

（1）明确操作规范和职责范围，预防潜在危险。
（2）实践操作过程中保持场地卫生及安全，不嬉戏打闹。
（3）在使用举升机的过程中应将保险设置好后再开始工作。
（4）使用维修手册时，要注意避免破损，手册与使用车型相对应。

4. 操作步骤

1）制动主缸的拆卸

（1）吸出储液罐内的制动液，如图 5-49 所示。
（2）拔出储液罐，如图 5-50 所示。

图 5-49 吸出储液罐内的制动液　　　　图 5-50 拔出储液罐

（3）拧松制动主缸上的制动管路，如图 5-51 所示。

（4）拧松制动主缸紧固螺栓，取下制动主缸，如图 5-52 所示。

图 5-51 拧松制动主缸上的制动管路

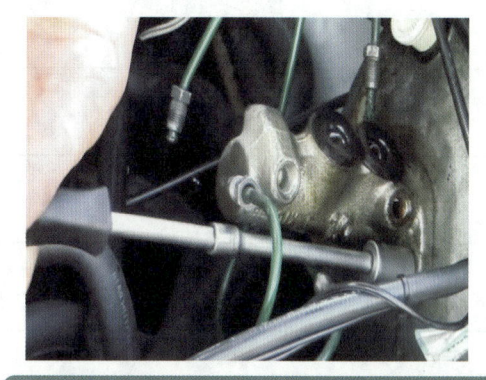

图 5-52 拧松制动主缸紧固螺栓

（5）制动主缸的分解如图 5-53 所示。

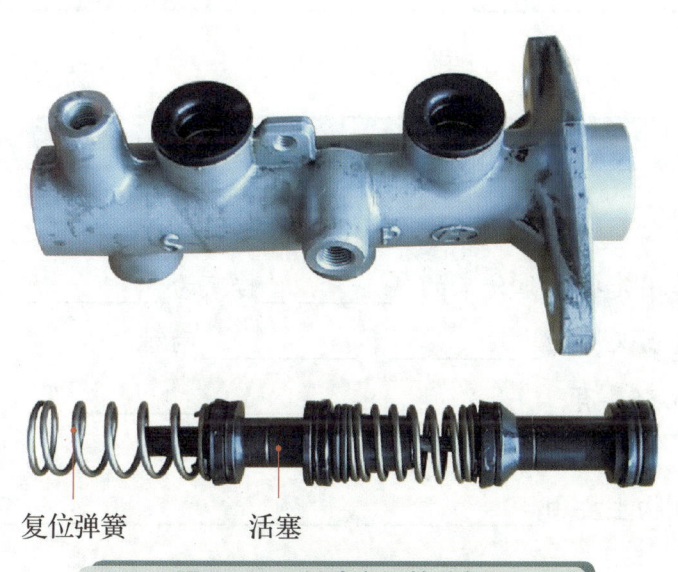

复位弹簧　　　活塞

图 5-53 制动主缸的分解

（6）安装时，按与拆卸步骤相反的顺序进行装配。

2）制动主缸的检修

检查缸筒内壁工作面磨损状况，工作面上不允许有麻点和划痕。若圆柱度误差大于 0.025 mm，或缸筒内壁磨损大于 0.12 mm，或泵筒与活塞配合间隙大于 0.15 mm，应更换新件。镶套时的材料应选用灰铸铁。压入时，两接触表面可涂一层环氧树脂或白漆。压入后，镗削至标准尺寸，选配标准活塞。

当检查活塞与缸筒配合间隙超过 0.13 mm 时，应更换主缸；如果是由于活塞磨损过多而造成的，只需更换活塞即可。

检查缸体，不得有任何性质的裂纹、缺口、破损等损伤。轻微者应予焊修，严重者应予更换。

检查主缸复位弹簧，应正直、弹力大，不符合要求时一律更换。

5. 技能总结

思考与练习

一、填空题

1. 制动轮缸的作用是将主缸传来的_____转变为_____。
2. 双领蹄式制动器又分为_____和_____两种。
3. 任何制动系统都具有_____、_____、_____及_____四个基本组成部分。
4. 液压式传动机构主要由_____、_____、_____、_____和_____等组成。

二、判断题

1. 压制动主缸的补偿孔堵塞，会造成制动不灵。（   ）
2. 等促动力的领从蹄式制动器一定是简单非平衡式制动器。（   ）
3. 在动力制动系统中，驾驶员的肌体不仅作为控制能源，还作为部分制动能源。（   ）
4. 无论制动器毂正向还是反向旋转时，领从蹄式制动器的前蹄都是领蹄，后蹄都是从蹄。（   ）
5. 液压制动最好没有自由行程。（   ）

三、选择题

1. 当液压制动系统管路漏损时，其制动效率和制动踏板行程产生变化是（   ）。
   A. 制动效率降低   B. 制动行程增大
   C. 制动效率不变、行程增大   D. 制动效率降低、制动行程增大

2. 领从蹄式制动器一定是（　　）。

A. 等促动力制动器　　　　　　　　B. 不等促动力制动器

C. 非平衡式制动器　　　　　　　　D. 以上三个都不对

3. 双向双领蹄式制动器的固定元件的安装是（　　）。

A. 中心对称　　　　　　　　　　　B. 轴对称

C. 既是 A 又是 B　　　　　　　　　D. 既不是 A 也不是 B

4. 下列哪些元件不属于液压式制动压力调节器的组成部分？（　　）

A. 电磁阀　　　　B. 液压泵　　　　C. 真空助力器　　　　D. 储液罐

四、问答题

1. 固定钳盘式制动器和浮动钳盘式制动器有何区别？

2. 驻车制动器的作用是什么？

参考文献

[1] 杨智勇，施文龙. 汽车底盘机械系统检修［M］. 北京：人民邮电出版社，2019.

[2] 散晓燕. 汽车底盘机械系统检修［M］. 2版. 北京：人民邮电出版社，2016.

[3] 谢计红，郑荻. 汽车底盘机械系统检修［M］. 武汉：华中科技大学出版社，2017.

[4] 赵宏. 汽车底盘机械系统检修［M］. 北京：人民邮电出版社，2017.

[5] 陈社会，秦来，季亮亮. 汽车底盘理实一体化教材［M］. 北京：人民交通出版社，2018.

[6] 袁文武，杨天寿，黄忠海. 汽车底盘构造与维修［M］. 北京：兵器工业出版社，2015.

[7] 曹玉兰. 汽车底盘维修理实一体化教材［M］. 北京：机械工业出版社，2016.

[8] 李东江，宋良玉. 汽车底盘维修基本技能训练与考核［M］. 北京：高等教育出版社，2013.

[9] 高作福，李玉明. 汽车底盘常见维修项目实训教材［M］. 北京：人民交通出版社，2018.

[10] 于海东. 图解汽车自动变速器关键技术与维修［M］. 北京：化学工业出版社，2019.

[11] 谭本忠. 汽车自动变速器原理与维修图解教程［M］. 2版. 北京：机械工业出版社，2016.